装配式建筑产业工人技能培训教材

套筒灌浆工

主 编 王发武 刘继鹏

U0286523

黄河水利出版社
·郑州·

内容提要

本书以建筑产业化工人为目标,以装配式产业基地、装配式企业实践为基础,结合国家、行业、企业标准,阐述装配式建筑的基本知识、PC装配式建筑构件及连接节点构造、灌浆连接技术要求、灌浆工施工用设备及辅件、套筒灌浆施工、套筒灌浆施工质量检验、职业素养等内容。

图书在版编目(CIP)数据

套筒灌浆工/王发武,刘继鹏主编. —郑州:黄河水利出版社,2019.3

装配式建筑产业工人技能培训教材

ISBN 978 - 7 - 5509 - 2241 - 9

Ⅰ.①套… Ⅱ.①王…②刘… Ⅲ.①套筒 - 灌浆 - 连接技术 - 技术培训 - 教材 Ⅳ.①TU755.6

中国版本图书馆 CIP 数据核字(2018)第 291601 号

出　版　社:黄河水利出版社　　　　　　　网址:www.yrcp.com

地址:河南省郑州市顺河路黄委会综合楼14层　邮政编码:450003

发行单位:黄河水利出版社

发行部电话:0371 - 66026940、66020550、66028024、66022620(传真)

E-mail:hhslcbs@126.com

承印单位:河南承创印务有限公司

开本:890 mm × 1 240 mm　　1/32

印张:4.125

字数:120千字　　　　　　　　　　印数:1—1 000

版次:2019年3月第1版　　　　　　　印次:2019年3月第1次印刷

定价:25.00元

装配式建筑产业工人技能培训教材

编审委员会

主　任　崔恩杰

副主任　芦　超　　王发武　　刘继鹏　　牛亚卫

　　　　　邓超杰　　吴耀清　　刘　萍

委　员　（按姓氏笔画为序）

　　　　　毛美容　　王腾飞　　冯　林　　申选召

　　　　　刘洋坤　　刘　攀　　吕秀娟　　孙长勇

　　　　　李旭光　　李　奎　　李胜杰　　李晶晶

　　　　　苏　放　　谷　丰　　陈庆丰　　陈延伟

　　　　　陈晓燕　　陈景芳　　苑文明　　胡仕超

　　　　　赵国令　　殷禾生　　郭壮雨　　谢克兵

　　　　　廉保华　　路帅兵　　樊　军

序

　　发展装配式建筑,是全面贯彻党的十九大精神和习近平总书记系列讲话精神、推进供给侧结构性改革和新型城镇化发展的重要举措,是贯彻创新、协调、绿色、开放、共享的发展理念,节约资源能源、减少施工污染、提升劳动生产效率和质量安全水平的有力抓手,是提高城市建设水平、促进建筑业与信息化工业化的深度融合、培育新产业新动能、推动化解过剩产能的有效途径。

　　当前,传统的建筑业农民工队伍和营造方式已经不能满足建筑业转型发展的需求,也不能适应装配式建筑施工的新要求。传统农民工向技能型岗位工人转型,单一型岗位技能工人向复合型岗位技能工人转型,已成为解决装配式建筑快速发展过程中对新的技能型工人需求问题的主要途径。基于这一现状,河南省政府办公厅在《关于大力发展装配式建筑的实施意见》中提出了"333"人才工程计划,即于2020年底前培养300名高层次专业人才、3 000名一线专业技术管理人员、30 000名生产施工技能型产业工人。这一计划既是河南省培养装配式人才队伍的具体要求,也是国家装配式建筑发展战略的落实点之一。2018年11月9日,住房和城乡建设部同意在河南、四川两省开展培育新时期建筑产业工人队伍试点工作。河南省将进一步深化建筑用工制度改革,建立建筑工人职业化发展道路,推动建筑业农民工向建筑工人转变,健全建筑工人技能培训、技能鉴定体系,加快建设知识型、技能型、创新型建筑业产业工人大军的步伐。

　　装配式建筑产业的发展,需要政府、企业、院校和社会公众的共同关注和积极参与。装配式建筑人才的培养,需要培训教材的支撑。此前,河南省已经出版了装配式混凝土建筑基础理论及关键技术丛书,并被列为"十三五"国家重点出版规划项目。此次编写的装配式建筑产业工人技能培训教材,在学习总结前书编写经验的基础上,充分考虑读者的需求,内容上贴近工程实践、注重技能提升,形式上采用了视频动画和 VR 技术等多种表现方法,图文并茂,通俗易懂,可作为建筑施工企业工人培训教材及建设类职业院校相关专业教学辅助用书。希望本套丛书的出版和应用,能形成可复制、可推广的模式,为探索新时期建筑产业工人的职业技能教育和素质教育,进而提高工程质量和城市建设水平提供理论基础和实践依据。

本书编委会

2018 年 12 月 20 日

前　言

　　发展装配式建筑是推进供给侧结构性改革和新型城镇化的重要举措,有利于节约资源、能源,减少污染,提升劳动生产效率和质量安全水平,促进建筑业与信息化、工业化深度融合,培育新产业、新动能,推动化解过剩产能。国务院《关于进一步加强城市规划建设管理工作的若干意见》(中发〔2016〕6号)提出,力争用10年左右时间,实现装配式建筑占新建建筑面积的比例达到30%的目标。

　　为了推动装配式建筑的发展,帮助工程技术人员和施工操作人员掌握装配式建筑施工的基本理论知识和施工操作技能,本书从装配式建筑的基本知识、PC装配式建筑构件及连接节点构造、灌浆连接技术要求、灌浆工施工用设备及辅件、套筒灌浆施工、套筒灌浆施工质量检验、职业素养等七个方面对套筒灌浆工的基本知识和技能做了详细的描述,内容全面、通俗易懂。

　　本书由河南省建设教育协会组织,河南新蒲远大住宅工业有限公司王发武、孙长勇、胡仕超、赵国令,河南远大天成住宅工业股份有限公司谢克兵和河南工程学院刘继鹏、陈庆丰、申选召、李晶晶编写。王发武、刘继鹏担任主编,孙长勇、陈庆丰担任副主编,具体的编写分工为:谢克兵编写前言及附录,刘继鹏编写第一章,申选召编写第二章,陈庆丰编写第三章,孙长勇、胡仕超编写第四章、第五章,赵国令编写第六章,李晶晶编写第七章。全书由王发武统稿。

　　本书在编写过程中，借鉴了大量资料，参考了当前国家现行的设计、施工、检验和生产标准、规范，并汲取了多方研究的精华，引用了有关专业书籍的部分数据和资料，在此一并表示感谢。

　　由于时间仓促和能力有限，书中内容难免有疏漏之处，真诚欢迎广大读者批评指正。

作　者

2018 年 11 月

目　录

序

第一部分　基础理论

第一章　装配式建筑的基本知识 …………………………（3）

　第一节　装配式建筑的定义及分类 …………………（3）

　第二节　装配式建筑发展历史沿革及发展现状 ………（5）

　第三节　发展装配式建筑的意义 ……………………（8）

　复习训练题 ……………………………………………（9）

第二章　PC 装配式建筑构件及连接节点构造 ………（10）

　第一节　PC 装配式建筑的构件分类和适用结构 ……（10）

　第二节　PC 装配式建筑的构件连接形式 ……………（18）

　第三节　PC 装配式建筑连接节点构造 ………………（33）

　复习训练题 ……………………………………………（33）

第三章　灌浆连接技术要求 ……………………………（35）

　第一节　概　述 ………………………………………（35）

　第二节　钢筋套筒灌浆连接应用技术规范 …………（36）

　第三节　钢筋连接用灌浆套筒 ………………………（57）

　第四节　钢筋连接用套筒灌浆料 ……………………（67）

　复习训练题 ……………………………………………（71）

第二部分　操作实践

第四章　灌浆工施工用设备及辅件 ……………………（75）

　第一节　灌浆设备 ……………………………………（75）

　第二节　灌浆套筒用密封材料 ………………………（79）

复习训练题 ……………………………………………………（80）

第五章　套筒灌浆施工 ……………………………………（82）

第一节　竖向构件灌浆连接工艺及质量要求 ………………（82）

第二节　水平构件灌浆连接工艺及质量要求 ………………（91）

复习训练题 ……………………………………………………（94）

第六章　套筒灌浆施工质量检验 …………………………（96）

第一节　检验项目 ……………………………………………（96）

第二节　灌浆连接施工常见问题及解决办法 ……………（102）

复习训练题 …………………………………………………（105）

第三部分　理论管理

第七章　职业素养 ………………………………………（109）

第一节　安全知识 …………………………………………（109）

第二节　质量保证 …………………………………………（110）

第三节　文明施工 …………………………………………（111）

第四节　环境保护 …………………………………………（113）

复习训练题 …………………………………………………（114）

附　录 ……………………………………………………（115）

附录A　流动度试验 ………………………………………（115）

附录B　抗压强度试验 ……………………………………（116）

附录C　竖向膨胀率试验 …………………………………（116）

参考文献 …………………………………………………（119）

第一部分　基础理论

第一章　装配式建筑的基本知识

第一节　装配式建筑定义及分类

一、装配式建筑的定义

国办发71号文《关于大力发展装配式建筑的指导意见》以及《装配式建筑评价标准》（GB/T 51129—2017）中对装配式建筑的定义如下：装配式建筑是指工厂生产的预制部品、部件在施工现场装配而成的建筑。装配式建筑可充分发挥预制部品、部件的高质量优势，实现建筑标准的提高，通过发挥现场装配的高效率，实现建造综合效益的提高，发展装配式建筑是建筑业建造方式的变革。

装配式建筑总的可以分为两部分：一部分是构件生产，另一部分是构件组装。因此，建筑行业的转型就是建筑构件向工业化方式转型，施工方式向集成化方式转型。与传统建筑业生产方式相比，装配式建筑的工业化生产在设计、施工、装修、验收、工程项目管理等各个方面都具备明显的优越性。

建筑工业化的基本内容和发展方向可概括为以下几点。

（1）建筑标准化：这是建筑工业化的前提。要求设计标准化与多样化相结合，构配件设计要在标准化的基础上做到系列化、通用化。

（2）施工机械化：这是建筑工业化的核心，即实行机械化、半机械化和改良工具相结合，有计划、有步骤地提高施工机械化水平。

（3）构配件生产工厂化：采用装配式结构，预先在工厂生产出各种构配件运到工地进行装配；混凝土构配件实行工厂预制、现场预制和工具式钢模板现浇相结合，发展构配件生产专业化、商品化，有计划、有步骤地提高预制装配程度;在建筑材料方面,积极发展经济适用的新型材料,重视就地取材,利用工业废料,节约能源,降低费用。

(4)组织管理科学化:运用计算机等信息化手段,从设计、制作到施工现场安装实行科学化组织管理,这是建筑工业化的重要保证。

二、装配式建筑的分类

由于建筑构件的材料不同,集成化生产的工厂及工厂的生产线因为建筑材料的不同而生产方式也不同,由不同材料的构件组装的建筑也不同。因此,可以按建筑构件的材料来对装配式建筑进行分类。

(一)预制装配式钢筋混凝土结构(PC 结构)

PC 结构是预制装配式钢筋混凝土结构的总称,通常把预制装配式钢筋混凝土构件通称为 PC 构件。按结构承重方式其又分为剪力墙结构和框架结构。

1. 剪力墙结构

PC 结构的剪力墙结构实际上是板构件,作为承重结构是剪力墙墙板,作为受弯构件就是楼板。现在装配式建筑的构件生产厂的生产线多数是板构件生产线。装配时施工以吊装为主,吊装后再处理构件之间的连接构造问题。

2. 框架结构

PC 结构的框架结构是把柱、梁、板构件分开生产,当然用更换模具的方式可以在一条生产线上进行。生产的构件是单独的柱、梁和板构件。施工时进行构件的吊装,吊装后再处理构件之间的连接构造问题。对于框架结构有关墙体的问题,可以由另外的生产线生产框架结构的专用墙板,框架吊装完成后再组装墙板。

(二)预制装配式钢结构(PS 结构)

PS 结构采用钢材作为构件的主要材料,外加楼板和墙板及楼梯组装成建筑。预制装配式钢结构可以装配高层建筑,也可以装配多层建筑或小型别墅建筑。

预制装配式钢结构截面采用工字钢、L 形钢或 T 形钢,可以有较高的承载力,根据结构设计的要求,在特有的生产线上生产,包括柱、梁和楼梯等构件。生产好的构件运到施工工地进行装配。装配时构件的连接较为方便,常用螺栓连接和焊接连接,可以装配高层建筑。

装配式钢结构截面也可以采用截面较小的轻质槽钢,槽的宽度由结构设计确定。轻质槽钢截面小,壁一般较薄,在槽内装配轻质板材作为轻钢结构的整体板材,施工时进行整体装配。由于轻质槽钢截面小而承载力小,所以一般用来装配多层建筑或别墅建筑。

(三)木结构

木结构装配式建筑全部采用木材,建筑所需的柱、梁、板、墙、楼梯构件都用木材制造,然后进行装配。木结构装配式建筑具有良好的抗震性能、环保性能,很受使用者的欢迎。对于木材很丰富的国家,例如德国、俄罗斯等则大量采用木结构装配式建筑。

第二节　装配式建筑发展历史沿革及发展现状

中国的传统建筑,17世纪向美洲移民时期所用的木构架拼装房屋就是一种装配式建筑。1851年,伦敦用铁骨架嵌玻璃建成的水晶宫是世界上第一座大型装配式建筑。第二次世界大战后,欧洲一些国家以及日本房荒严重,迫切要求解决住宅问题,促进了装配式建筑的发展。到20世纪60年代,装配式建筑得到了大量的推广。

一、国外装配式建筑的发展

装配式建筑的根本特点就是建筑工业化,建筑工业化是建筑业现代化的主要载体,是建筑业产业化及其技术进步的重要方向。建筑工业化,是世界各国建筑业在面向未来发展中的共同取向。建筑工业化在西方发达国家已有半个世纪以上的发展历史,形成了各有特色和比较成熟的产业和技术。

20世纪初,欧洲兴起新建筑运动,采用标准构件,实行工厂预制、现场机械装配,为建筑转向大工业生产方式奠定了理论基础;到20世纪20~30年代,建筑工业化的理论初步形成,并在一些主要的工业发达国家相继试行。法国是世界上最早推行建筑工业化的国家之一,从

50 年代到 70 年代走过了一条以全装配式大板和工具式模板现浇工艺为标志的建筑工业化道路,有人把它称为"第一代建筑工业化"。到 70 年代,为适应建筑市场的需求,向以发展通用构配件制品和设备为特征的"第二代建筑工业化"过渡。为发展建筑通用体系,法国于 1977 年成立构件建筑协会(ACC),作为推动第二代建筑工业化的调研和协调中心。1978 年该协会制定尺寸协调规则。同年以推广"构造体系"作为向通用建筑体系过渡的一种手段。

日本的建筑工业化始于 20 世纪 60 年代初期,当时住宅需求急剧增加,而建筑技术人员和熟练工人明显不足。为了使现场施工简化,提高产品质量和效率,日本政府开始推动日本住宅建筑工业化的发展。在学习和借鉴丹麦、瑞典、法国等欧洲国家发展建筑工业化经验的基础上,于 1960 年建立了公营住宅 KJ 制度,即在公营住宅建造中推广采用工业化生产的规格部件。70 年代是日本建筑工业化的成熟期,大企业联合组建集团进入建筑行业,在技术上产生了盒子住宅、单元住宅等多种形式,同时设立了工业化住宅性能认证制度,以保证工业化住宅的质量和功能。这一时期,工业化方式生产的住宅占竣工住宅总数的 10% 左右。80 年代中期,在此基础上,为了提高工业化住宅体系的质量和功能,日本建设省正式批准优良住宅部品(BL 部品)认定制度。这一时期工业化方式生产的住宅占竣工住宅总数的 15% ~20%,住宅的质量和功能有了提高。到 90 年代,采用工业化方式生产的住宅占竣工住宅总数的 25% ~28%。

目前,美国住宅建筑广泛采用的建筑体系以水泥混凝土和混凝土砌块为基础,以石膏板、玻璃棉、纤维板(或聚氨酯硬质泡沫板)等复合轻质板为围护墙体,以木型材为框架的木结构建筑体系。这种建筑体系具有轻质、节能、施工速度快、使用面积大等特点,很受建筑师和用户的欢迎。而住宅建筑工业化发展良好,与经济发展水平、新型建材发展、环境要求提高、宏观管理和政策引导有关。在美国,住宅用构件和产品的标准化、系列化、专业化、商品化、社会化程度很高,几乎达到100%。

二、国内装配式建筑的发展

我国预制混凝土结构研究和应用始于 20 世纪 50 年代,直到 20 世纪 80 年代,在工业与民用建筑中一直有着比较广泛的应用。在 20 世纪 90 年代以后,由于种种原因,预制混凝土结构的应用尤其是在民用建筑中的应用逐渐减少,迎来了一个相对低潮阶段。进入 21 世纪后,伴随着我国城镇化和城市现代化进程的快速发展,能源与资源不足的矛盾越来越突出,生态建设和环境保护的形势日益严峻,原来建立在我国劳动力价格相对低廉的基础之上的建筑行业,正在面临劳动力成本的不断上升,逐渐成为制约我国建筑业进一步发展的瓶颈,我国住宅产业生产效率与发达国家相比,仍有一定的差距,主要表现在:劳动生产率低,我国建筑产业的人均年竣工面积仅为美国和日本等发达国家的 1/5~1/4。建造效率低,同样一栋 18 层的住宅,国内以毛坯房交付需要 13~14 个月的建造时间;而日本等发达国家以精装修房交付,仅需要 9~10 个月时间。行业整体质量水平偏低,技术落后、机械化程度低,无标准化、流程化作业。质量稳定性差,传统施工方式容易受气候、人力、环境等诸多不可控因素影响。劳动力紧缺,民工荒已成为建筑行业的普遍现象。劳动力素质及专业性不高,缺乏专业培训的临时性、业余性民工越来越多。参照国际上建筑业的发展过程,当国内生产总值达到人均 1 000~3 000 美元后,开发新型的预制混凝土结构体系,实现工厂化生产就成为解决传统建筑人工化生产方式缺陷、促进建筑工业化快速发展的主要途径。

随着国民经济的持续快速发展,节能环保要求的提高,劳动力成本的不断增长,近些年来,我国在预制装配式钢筋混凝土结构方面的研究逐渐升温,多家单位开展了这方面的工作:如预制预应力混凝土装配整体式框架结构体系;蒸压轻质加气混凝土(NALC)板材产品;装配整体式剪力墙结构体系;全预制装配整体式剪力墙结构(NPC)体系;预制装配整体式混凝土剪力墙结构体系和叠合板装配整体式混凝土结构体系等,并在项目中得到了一定规模的示范和应用。

采用装配式建筑,可以有效节约资源和能源,提高材料在实现建筑节能和结构性能方面的效率,减少现场施工对场地等环境条件的要求,减少建筑垃圾对环境的不良影响,提高建筑功能和结构性能,有效实现"四节一环保"的绿色发展要求,实现低能耗、低排放的建造过程,促进我国建筑业的整体发展,实现预定的节能、减排目标。

第三节　发展装配式建筑的意义

发展装配式建筑是落实党中央、国务院决策部署的重要举措,是推动住房和城乡建设领域绿色发展的有力抓手,是促进当前经济稳定增长的重要措施,同时也是带动技术进步、提高生产效率的有效途径,全面提升住房质量和品质的必由之路。在推进供给侧结构性改革和新兴城镇化发展、建设美丽乡村等国家战略的实现进程中,大力发展装配式建筑意义重大。

(1)装配式建筑有利于大幅降低建造过程中的能源和资源消耗。据统计,相对于传统的现浇混凝土建造方式,可节水约25%,降低抹灰砂浆用量约55%,节约模板木材约60%,降低施工能耗约20%。

(2)装配式建筑有利于减少施工过程中造成的环境污染影响。相对于传统的建造方式,装配式建筑施工产生的垃圾和污染很少,有效减少建筑垃圾、粉尘、建筑污水、噪声等环境问题,减少建筑垃圾80%以上,有利于我国城市健康、绿色发展。

(3)装配式建筑有利于提高工程质量和安全。装配式建筑以工业化代替传统手工湿作业,既能确保部品、部件质量,提高施工精度,大幅减少建筑质量通病;又能减少事故隐患,降低劳动者工作强度,提高施工安全性。

(4)装配式建筑有利于提高劳动生产率。大部分标准化构件在预制工厂集中预制成品,分批运输到施工现场组装,整个作业环境基本不受自然环境的影响,安装环节机械化程度较高,同时大大减少了传统现浇施工需大量湿作业、交叉作业等,生产效率大大提高,可缩短综合施工工期25%～30%。

(5)装配式建筑有利于促进形成新兴产业。整体促进建筑业与工业制造产业及信息产业、物流产业、现代化服务业行业的深度融合,形成新兴产业,对发展新经济、新动能,拉动社会投资,促进经济增长具有积极作用。

装配式建筑最终要实现建造方式创新,以推广装配式建筑为重点,通过建筑设计标准化、构件加工工业化、组装连接机械化、精装成品一体化、整体管理信息化、重点管控智能化,快速推进建筑业转型升级。

复习训练题

1. 什么是装配式建筑?

2. 按结构材料分类,装配式建筑可以分为哪些?

3. 请列举你见过的装配式建筑。

4. 装配式建筑有哪些建筑基本构件?

5. 装配式建筑构件集成化生产是什么意思?

6. 现在的装配式建筑与传统建筑比较有哪些优越性?

第二章　PC 装配式建筑构件及连接节点构造

装配式混凝土结构是由预制混凝土构件通过可靠的连接方式装配而成的混凝土结构,包括装配整体式混凝土结构、全预制混凝土结构等。在建筑工程中,简称装配式建筑;在结构工程中,简称装配式结构。

装配式建筑的关键核心在于设计采用什么样的装配式结构体系和工艺体系来保证预制构件的传力以及构件、节点的协同工作。

装配整体式混凝土结构是由预制混凝土构件通过可靠的方式进行连接并与现场后浇混凝土、水泥基灌浆材料形成整体的装配式混凝土结构,简称装配整体式结构,简言之,装配整体式结构的连接以湿连接为主要方式,连接方法主要有套筒灌浆连接、浆锚搭接连接、后浇混凝土连接等。装配整体式结构具有较好的整体性和抗震性。目前,大多数多层和全部高层 PC 建筑都是装配整体式结构,有抗震要求的低层 PC 建筑也多是装配整体式结构。

全预制混凝土结构的 PC 构件靠干法连接(如螺栓连接、焊接等)形成整体。预制钢筋混凝土柱单层厂房就属于全预制混凝土结构。国外一些低层建筑或非抗震地区的多层建筑采用全预制混凝土结构。

第一节　PC 装配式建筑的构件分类和适用结构

一、构件分类

预制混凝土构件是指在工厂或现场预先制作的混凝土构件,简称预制构件。

（一）预制柱

预制柱是建筑物的主要竖向受力构件。预制柱的设计除满足承载力及正常使用阶段功能要求外，还需要考虑到生产线、运输限制、堆放等因素。预制柱设计的关键在于节点。

（二）叠合梁

叠合梁是分两次浇捣混凝土的梁，第一次在预制场做成预制梁，作为上部现浇混凝土的永久性模板；第二次在施工现场进行，当预制梁吊装安放完成后，再浇捣上部的混凝土使其连成整体。它体现了预制构件和现浇结构的互相结合，同时兼有两者的优点。

对于施工阶段有可靠支撑的叠合梁，可按普通受弯构件计算，但需对施工阶段的支撑情况进行受力计算复核。

对于施工阶段不加支撑的叠合梁，其内力应分别按下列两个阶段计算：

（1）第一阶段：叠合层混凝土未达到强度设计值之前的阶段。荷载由预制梁承担，预制梁按简支构件计算；荷载包括预制梁自重、预制楼板自重、现浇层自重以及本阶段的施工活荷载。

（2）第二阶段：叠合层混凝土达到设计规定的强度值之后的阶段。叠合梁按整体结构计算，荷载考虑下列两种情况并取较大值：

①施工阶段。计入叠合梁自重，预制楼板自重，现浇层自重和面层、吊顶灯自重以及本阶段的施工活荷载。

②使用阶段。计入叠合梁自重，预制楼板自重，现浇层自重和面层、吊顶灯自重以及使用阶段的可变荷载。

（三）叠合楼板

最常见的预制混凝土叠合楼板主要有两种：一种是预制混凝土钢筋桁架叠合板，另一种是预制带肋底板混凝土叠合楼板。

1.预制混凝土钢筋桁架叠合板

预制混凝土钢筋桁架叠合板属于半预制构件，下部为预制混凝土板，外露部分为桁架钢筋。预制混凝土叠合板的预制部分最小厚度为3～6 cm，叠合楼板在工地安装到位后应进行二次浇筑，从而成为整体实心楼板。钢筋桁架的主要作用是将后浇筑的混凝土层与预制底板形成整体,并在制作和安装过程中提供刚度。伸出预制混凝土层的钢筋桁架和粗糙的混凝土表面保证了叠合楼板预制部分与现浇部分能有效地结合成整体。

2. 预制带肋底板混凝土叠合楼板

预制带肋底板混凝土叠合楼板一般为预应力带肋混凝土叠合楼板(简称 PK 板)。

PK 预应力混凝土叠合板具有以下优点:

(1)预制底板 3 cm 厚,是国际上最薄、最轻的叠合板之一,自重约为 1.1 kN/m²。

(2)用钢量最省。由于采用 1860 级高强度预应力钢丝,与其他叠合板用钢量相比节省 60%。

(3)承载能力最强。破坏性试验承载力可高达 1 100 kN/m²。

(4)抗裂性能好。由于采用了预应力,极大地提高了混凝土的抗裂性能。

(5)新老混凝土接合好。由于采用了 T 形肋,新老混凝土互相咬合,新混凝土流到孔中产生销栓作用。

(6)可形成双向板。在侧孔中横穿钢筋后,避免了传统叠合板只能作单向板的弊病,且预埋管线方便。

3. 规范规定

(1)叠合板应按现行国家标准《混凝土结构设计规范(2015 年版)》(GB 50010—2010)进行设计,并应符合下列规定:

①叠合板的预制板厚度不宜小于 60 mm,后浇混凝土叠合层厚度不应小于 60 mm;

②当叠合板的预制板采用空心板时,板端空腔应封堵;

③跨度大于 3 m 的叠合板,宜采用桁架钢筋混凝土叠合板;

④跨度大于 6 m 的叠合板,宜采用预应力混凝土预制板;

⑤板厚大于 180 mm 的叠合板,宜采用混凝土空心板。

(2)桁架钢筋混凝土叠合板应满足下列要求:

①桁架钢筋应沿主要受力方向布置;

②桁架钢筋距板边不应大于 300 mm,间距不宜大于 600 mm;

③桁架钢筋弦杆钢筋直径不宜小于8 mm,腹杆钢筋直径不应小于4 mm;

④桁架钢筋弦杆混凝土保护层厚度不应小于15 mm。

(四)预制混凝土剪力墙墙板

1. 预制混凝土剪力墙外墙板

预制混凝土剪力墙外墙板是指在工厂预制成的,内叶板为预制混凝土剪力墙、中间夹有保温层,外叶板为钢筋混凝土保护层的预制混凝土夹心保温剪力墙墙板,简称预制混凝土剪力墙外墙板。内叶板侧面在施工现场通过预留钢筋与现浇剪力墙边缘构件连接,底部通过钢筋灌浆套筒与下层预制剪力墙预留钢筋相连。

2. 预制混凝土剪力墙内墙板

预制混凝土剪力墙内墙板是指在工厂预制成的混凝土剪力墙构件。预制混凝土剪力墙内墙板侧面在施工现场通过预留钢筋与现浇剪力墙边缘构件连接,底部通过钢筋灌浆套筒与下层预制剪力墙预留钢筋相连。

(五)预制混凝土楼梯板

预制混凝土楼梯板受力明确,外形美观,避免了现场支模,安装后可作为施工通道,节约了施工工期。

(六)预制混凝土阳台板、空调板、女儿墙

预制混凝土阳台板能够克服现浇阳台支模复杂,现场高空作业费时、费力以及高空作业时的施工安全问题。

预制混凝土空调板通常采用预制实心混凝土板,板顶预留钢筋通常与预制叠合板的现浇层相连。

预制混凝土女儿墙处于屋顶处外墙的延伸部位,通常有立面造型,采用预制混凝土女儿墙的优势是安装快速,节省工期。

(七)围护构件

围护构件是指围合、构成建筑空间,抵御环境不利影响的构件,本章中只讲解PC外围护墙板和预制内隔墙板的相关内容。具有保温、隔热、隔音、防水、防潮作用的外围护墙用来抵御风雨、温度变化、太阳辐射等,应能耐火、耐久等。预制内隔墙起分隔室内空间的作用,应具有隔音、隔视线以及某些特殊要求的性能。

1. PC 外围护墙板

PC 外围护墙板是指预制商品混凝土外墙构件,包括预制混凝土叠合(夹心)墙板、预制混凝土夹心保温外墙板和预制混凝土外墙挂板等。外围护墙板除应具有隔音与防火的功能外,还应具有隔热、保温、抗渗、抗冻融、防碳化等作用和满足建筑艺术装饰的要求。外围护墙板可采用轻骨料单一材料制成,也可采用复合材料(结构层、保温隔热层和饰面层)制成。

PC 外围护墙板采用工厂化生产,现场进行安装的施工方法,具有施工周期短、质量可靠(对防止裂缝、渗漏等质量通病十分有效)、节能环保(耗材少,减少扬尘和噪声等)、工业化程度高及劳动力投入少等优点,在国内外的住宅建筑中得到了广泛运用。

PC 外围护墙板生产中使用了高精密度的钢模板,模板的一次性摊销成本较高,如果施工建筑物外形变化不大,且外墙板生产数量大,模具通过多次循环使用后成本可以下降。

根据制作结构不同,预制外墙结构可分为预制混凝土夹心保温外墙板和预制混凝土非保温外墙挂板。

1)预制混凝土夹心保温外墙板

预制混凝土夹心保温外墙板是集承重、围护、保温、防水、防火等功能于一体的重要装配式预制构件,由内叶墙板、保温材料、外叶墙板三部分组成。

预制混凝土夹心保温外墙板宜采用平模工艺生产,生产时,一般先浇筑外叶墙板混凝土层,再安装保温材料和拉结件,最后浇筑内叶墙板混凝土,这可以使保温材料与结构同寿命。当采用立模工艺生产时,应同步浇筑内、外叶墙板混凝土层,并应采取保证保温材料及拉结件位置准确的措施。

2)预制混凝土非保温外墙挂板

预制混凝土非保温外墙挂板是在预制车间加工并运输到施工现场吊装的钢筋混凝土外墙板,在板底设置预埋铁件,通过与楼板上的预埋螺栓连接实现底部固定,再通过拉结件实现顶部与楼板的固定。在工厂采用工业化生产,具有施工速度快、质量好、维修费用低的特点。

根据工程需要可以设计成集外装饰、保温、墙体围护于一体的复合保温外墙挂板,也可以作为复合墙体的外装饰挂板。

预制混凝土非保温外墙挂板可充分体现大型公共建筑外墙独特的表现力。预制混凝土非保温外墙挂板必须具有防火、耐久性等基本性能,同时,还要求造型美观、施工简便、环保节能等。

2.预制内隔墙板

预制内隔墙板按成型方式可分为挤压成型墙板和立模(平模)浇筑成型墙板两种。

1)挤压成型墙板

挤压成型墙板也称预制条形墙板,是在预制工厂将搅拌均匀的轻质材料料浆使用挤压成型机通过模板(模腔)成型的墙板。按断面不同,可分为空心板、实心板两类。在保证墙板承载力和抗剪力的前提下,将墙体断面做成空心,可以有效降低墙体的重量,并通过墙体空心处空气的特性提高隔断房间内的保温、隔音效果。门边板端部为实心板,实心宽度不得小于100 mm。对于没有门洞的墙体,应从墙体一端开始沿墙长方向顺序排板;对于有门洞的墙体,应从门洞口开始分别向两边排板。当墙体端部的墙板不足一块板宽时,应设计补板。

2)立模(平模)浇筑成型墙板

立模(平模)浇筑成型墙板也称预制混凝土整体内墙板,是在预制车间按照所需的样式使用钢模具拼接成型,浇筑或摊铺混凝土制成的墙体。

根据受力不同,内墙板使用单种材料或者多种材料加工而成。将聚苯乙烯泡沫板材、聚氨酯、无机墙体保温隔热材料等轻质材料填充到墙体中,可以减少混凝土用量,绿色环保;减少室内热量与外界的交换,增强墙体的隔音效果;并减轻墙体自重,降低运输和吊装的成本。

二、适用结构

(一)框架结构

全部或部分框架梁、柱采用预制构件构建成的装配整体式混凝土结构,简称装配整体式框架结构。

装配整体式框架结构的结构构件包括柱、梁、叠合梁、柱梁一体构件和叠合楼板等。还有外墙挂板、楼梯、阳台板、空调板、挑檐板、遮阳板等。多层和低层框架结构有柱板一体化构件,板边缘是暗柱。

框架 PC 建筑的外围护结构可采用 PC 外墙挂板或直接用结构柱、梁与玻璃窗组成围护结构,或用带翼缘的结构柱、梁与玻璃窗组成围护结构;多层建筑外墙和高层建筑凹入式阳台的外墙也可用 ALC 墙板(蒸压轻质加气混凝土隔墙板,简称 ALC)。

(二)剪力墙结构

剪力墙结构是由剪力墙组成的承受竖向和水平作用的结构。剪力墙与楼盖一起组成空间体系。剪力墙结构没有梁、柱凸入室内空间的问题,但墙体的分布使空间受到限制,无法做成大空间,适宜住宅和旅馆等隔墙较多的建筑。

无抗震设计要求时,现浇剪力墙结构建筑最大适用高度为 150 m,有抗震设计要求时,根据设防烈度确定最大适用高度为 80～140 m。与现浇框架—剪力墙结构基本一样,仅 6 度设防时比框架—剪力墙结构高了 10 m。装配整体式剪力墙结构最大适用高度比现浇结构低了10～20 m。

剪力墙结构 PC 建筑在国外非常少,高层建筑几乎没有,没有可供借鉴的装配式理论与经验。

国内多层和高层剪力墙结构住宅很多。目前,装配式结构建筑大都是剪力墙结构。就装配式而言,剪力墙结构的优势是:

(1)平板式构件较多,有利于实现自动化生产。

(2)模具成本相对较低。

装配式剪力墙结构目前存在的问题是:

(1)剪力墙装配式的试验和经验相对较少。较多的后浇筑区对装配式效率有较大的影响。

(2)结构连接的面积较大,连接点多,连接成本高。

(3)装饰装修、机电管线等受结构墙体约束较大。

（三）框架—剪力墙结构

框架—剪力墙结构是由柱、梁和剪力墙共同承受竖向作用和水平作用的结构。由于在结构框架中增加了剪力墙,弥补了框架结构侧向位移大的缺点;又由于只在部分位置设置剪力墙,不失框架结构空间布置灵活的优点。

框架—剪力墙结构的建筑适用高度比框架结构大大提高了。无抗震设计要求时,最大适用高度为 150 m;有抗震设计要求时,根据设防烈度确定最大适用高度为 80~130 m。PC 框架—剪力墙结构在框架部分为装配式、剪力墙部分为现浇的情况下,最大适用高度与现浇框架—剪力墙结构完全一样。框架—剪力墙结构多用于高层和超高层建筑。

对于装配整体式框架—剪力墙结构,现行行业标准《装配式混凝土结构技术规程》(JGJ 1—2014)(简称《装规》)要求剪力墙部分现浇。日本的框架—剪力墙结构,剪力墙部分也是现浇。

框架—剪力墙结构框架部分的装配整体式与框架结构装配整体式一样,构件类型、连接方式和外围护做法没有区别。

（四）筒体结构

筒体结构是以竖向筒体为主组成的承受竖向作用和水平作用的建筑结构。筒体结构的筒体分剪力墙围成的薄壁筒和由密柱框架或壁式框架围成的框筒等。

筒体结构还包括框架核心筒结构和筒中筒结构等。框架核心筒结构为由核心筒与外围稀疏框架组成的筒体结构。筒中筒结构是由核心筒与外围框筒组成的筒体结构。

筒体结构相当于固定于基础上的封闭箱形悬臂构件,具有良好的抗弯、抗扭性,与框架结构、框架—剪力墙结构和剪力墙结构相比具有更高的强度和刚度,可以应用于更高的建筑。

《高层建筑混凝土结构技术规程》(JGJ 3—2010)关于现浇筒体结构的适用高度规定,框架核心筒结构比框架—剪力墙结构和剪力墙结构高 10 m;筒中筒结构比框架—剪力墙结构和剪力墙结构高出 20~50 m,无抗震要求时达到 200 m,有抗震设防要求时可达 100~180 m。

装配整体式筒体结构与框架结构一样,构件类型、连接方式和外围护做法等没有区别,如果有剪力墙核心筒,则采用现浇方式。

(五)无梁板结构

无梁板结构是由柱、柱帽和楼板组成的承受竖向作用与水平作用的结构。

由于无梁板结构没有梁,空间通畅,适用于多层公共建筑和厂房、仓库等,我国20世纪80年代前就有装配整体式无梁板结构建筑的成功实践。

无梁板结构预制结构构件包括柱、预制柱帽、预制叠合板、预制杯形基础等。

(六)单层钢筋混凝土柱厂房

单层钢筋混凝土柱厂房是由钢筋混凝土柱、轨道梁、钢屋架、预应力混凝土屋架或钢结构屋架组成的承受竖向作用和水平作用的结构。

单层钢筋混凝土柱厂房在我国工厂中应用较多,大多为全预制结构,干法连接。

装配式单层钢筋混凝土柱厂房预制结构构件包括柱、轨道梁、屋架、外墙板等,有的工程还包括预制杯形基础。

第二节　PC装配式建筑的构件连接形式

一、技术体系

(一)装配式剪力墙结构

按照主要受力构件的预制及连接方式,装配式剪力墙结构体系可以分为:

(1)装配整体式剪力墙结构体系。

(2)叠合板剪力墙结构体系。

(3)多层剪力墙结构体系。

各结构体系中,装配整体式剪力墙结构体系应用较多,适用的房屋高度最大;叠合板剪力墙结构体系目前主要应用于多层建筑或者低烈度区高度不大的高层建筑中;多层剪力墙结构体系目前应用较少,但基于其高效、简便的特点,在新型城镇化的推进过程中前景广阔。

此外,还有一种应用较多的剪力墙结构体系,即结构主体采用现浇剪力墙结构,外墙、楼梯、楼板、隔墙等采用预制构件。这种方式在我国南方部分省市应用较多,结构设计方法与现浇结构基本相同,但预制装配化程度较低。

1. 装配整体式剪力墙结构技术体系

装配整体式剪力墙结构是装配式混凝土结构的一种。以预制混凝土剪力墙墙板构件(简称预制墙板)和现浇混凝土剪力墙作为结构的竖向承重和水平抗侧力构件,通过整体式连接而成。其中包括同层预制墙板间以及预制墙板与现浇剪力墙的整体连接——采用竖向现浇段将预制墙板以及现浇剪力墙连接成为整体;楼层间的预制墙板的整体连接——通过预制墙板底部结合面灌浆以及顶部的水平现浇带和圈梁,将相邻楼层的预制墙板连接成为整体。预制墙板与水平楼盖之间的整体连接——水平现浇带和圈梁。

目前,国内主要的装配整体式剪力墙结构技术体系包括万科(万科集团)、宇辉(黑龙江宇辉集团)、中南(江苏中南建筑产业集团)、中建(中建装配式建筑设计研究院有限公司)、万融(沈阳万融现代建筑产业有限公司)、宝业(宝业集团)等技术体系,主要技术特征在于剪力墙构件之间的接缝连接形式。各个技术体系中,预制墙体竖向接缝的构造形式基本类似,均采用后浇混凝土区段来连接预制构件,墙板水平钢筋在后浇段内锚固或者连接,具体的锚固方式有些区别。各种技术体系的主要区别在于预制剪力墙构件水平接缝处竖向钢筋的连接技术以及水平接缝构造形式。按照预制墙体水平接缝钢筋连接形式,可划分以下几种:

(1)竖向钢筋采用套筒灌浆连接、接缝采用灌浆料填实,如万科(万科集团)、中建(中建装配式建筑设计研究院有限公司)、万融(沈阳万融现代建筑产业有限公司)、宝业(宝业集团)等技术体系,这是目前应用量最大的技术体系。

(2)竖向钢筋采用螺旋箍筋约束浆锚搭接连接、接缝采用灌浆料填实,如宇辉技术体系。

(3)竖向钢筋采用金属波纹管浆锚搭接连接、接缝采用灌浆料填实,如中南(江苏中南建筑产业集团)技术体系。

(4)还有部分套筒灌浆连接和浆锚搭接连接混合使用的技术体系,如宇辉(黑龙江宇辉集团)、中南(江苏中南建筑产业集团)等技术体系。

2.叠合剪力墙结构技术体系

叠合剪力墙结构技术体系主要被宝业等企业采用。

叠合剪力墙结构技术体系的特点是将剪力墙沿厚度方向分为三层,内、外两层预制,中间层后浇,形成"三明治"结构。三层之间通过预埋在预制板内桁架钢筋进行结构连接。叠合剪力墙利用内、外两侧预制部分作为模板,中间层后浇混凝土可与叠合楼板的后浇层同时浇筑,施工便利、速度较快。一般情况下,相邻层剪力墙仅通过在后浇层内设置的连接钢筋进行结构连接,虽然施工快捷,但内、外两层预制混凝土板与相邻层不相连接(配置在内、外叶预制墙板内的分布钢筋也不上、下连接),因此预制混凝土板部分在水平接缝位置基本不参与抵抗水平剪力,其在水平接缝处的平面内受剪和平面外受弯有效墙厚大幅减小。因此,叠合剪力墙的受剪承载力弱于同厚度的现浇剪力墙或其他形式的装配整体式剪力墙,其最大适用高度也受到相应的限制。另外,按照我国规范中剪力墙结构应在规定区域设置构造边缘构件或约束边缘构件的要求,在该技术体系中不易完全得到满足,这也会大幅度弱化这种技术体系的固有优势。

3.剪力墙现浇的技术体系

由于预制剪力墙的接缝较多,存在施工难度较大、成本增加较多、施工周期长等问题,因此出现了现浇剪力墙搭配叠合水平构件、预制围护墙、预制隔墙的技术体系,避免了结构主体的拼接,同时也可以解决外保温寿命、外墙防水等现浇结构中常遇到的问题,实现外墙的结构保温和装饰一体化和免砌筑;在搭配使用铝模板的情况下,也可以省略抹灰等后续工序。预制外墙板在工厂内完成了贴砖、保温等多道现场施工困难且不易保证质量的工序,且在工厂可随意加工任意形式的立面,大大降低了高层建筑结构外立面施工的难度,提高了施工质量和安全性。该技术体系中竖向构件均为现浇,其适用范围、最大适用高度等与现浇结构相同。

在住宅现浇剪力墙结构中,外挂墙板作为围护结构,主要采用线支承式连接技术,即在墙板的边缘预留钢筋与键槽,与主体结构梁或者板连接并后浇混凝土形成整体。线支承式外挂墙板技术施工,分为先主体结构后外挂墙板连接和先外挂墙板就位再施工同层的主体结构两种方式。先外挂墙板就位后再施工同层的主体结构的流程通常为:外挂墙板吊装就位并设置临时支撑后,现场绑扎内部剪力墙钢筋,并与预制叠合楼板的现浇层一同浇筑混凝土。

现浇剪力墙配预制外挂墙板剪力墙结构技术体系要点:

(1)既要保证外挂墙板本身的安全以及与主体结构连接的安全性,又要避免对主体结构的刚度及内力分布造成不利影响。

(2)挂板与主体结构之间、挂板之间缝隙要进行防水、防火、隔音、保温等处理措施,缝隙要避免刚性材料填充。

(3)外挂墙板除与结构可靠连接外,还可能需要平面外的定位、限位措施。

(二)框架结构

装配式框架结构按照材料可分为装配式混凝土框架结构和钢结构框架、木结构框架。装配式混凝土框架结构是近年来发展起来的,主要是参照日本的相关技术,包括鹿岛、前田等公司的技术体系,同时结合我国特点进行吸收和再研究而形成的技术体系。

由于技术和使用习惯等原因,我国装配式框架结构的适用高度较低,适用于低层、多层和高度适中的高层建筑,其最大适用高度低于剪力墙结构或框架—剪力墙结构。装配式框架在我国大陆地区主要应用于厂房、仓库、商场、停车场、办公楼、教学楼、医务楼、商务楼以及居住等建筑,这些结构要求具有开敞的大空间和相对灵活的室内布局,同时对于建筑总高度的要求相对适中。但总体而言,目前装配式框架结构较少应用于居住建筑。而在日本以及我国台湾地区,框架结构则大量应用于包括居住建筑在内的高层、超高层民用建筑。

相对于其他装配式混凝土结构,装配式混凝土框架结构的主要特点是:连接节点单一、简单,结构构件的连接可靠并容易得到保证,方便采用等同现浇的设计概念。框架结构布置灵活,容易满足不同的建筑功能需求;结合外墙板、内墙板及预制楼板或预制叠合楼板应用,预制率可以达到很高水平,很适合装配式建筑发展。

1. 装配式混凝土框架结构技术体系

对目前国内有研究和应用的装配式混凝土框架结构,根据构件形式及连接形式,可大致分为以下几种:

(1)框架柱现浇,梁、楼板、楼梯等采用预制叠合构件或预制构件,是装配式混凝土框架结构的初级技术体系。

(2)在上述体系中将框架柱也采用预制构件,节点刚性连接,性能接近于现浇框架结构,即装配整体式框架结构技术体系。根据连接形式,可细分为:

①框架梁、柱预制,通过梁柱后浇节点区进行整体连接,是《装规》中纳入的框架结构技术体系。

②梁柱节点与构件一同预制,在梁、柱构件上设置后浇段连接的框架结构技术体系。

③采用现浇或多段预制混凝土柱,预制预应力混凝土叠合梁、板,通过钢筋混凝土后浇部分将梁、板、柱及节点连成整体的框架结构技术体系。

④装配式混凝土框架结构结合应用钢支撑或者消能减震装置的框架结构技术体系。这种体系可提高结构抗震性能,增大结构使用高度,扩大其适用范围。各种装配式框架结构的外围护结构通常采用预制混凝土外挂墙板体系,楼面体系主要采用预制叠合楼板,楼梯为预制楼梯。

2. 装配整体式混凝土框架连接方式

装配式框架结构中,装配整体式框架结构体系是目前应用最多的。大量的理论、试验研究和实际震害经验表明,装配整体式混凝土框架结构具有良好的整体性能,具有足够的承载力、刚度和延性,总体表现如同现浇框架结构。只要保证连接构造满足要求,结构构件的设计可以按照现浇混凝土结构的准则进行。装配整体式混凝土框架的后浇区可以设在梁柱节点区域或梁柱跨内受力较小部位。

对装配式结构而言,预制构件之间的连接是最关键的核心技术。在我国,常用的连接方式为钢筋套筒灌浆连接和自主研发的螺旋箍筋约束浆锚搭接技术。研究和工程实践表明,当结构层数较多时,柱的纵向钢筋采用套筒灌浆连接可保证结构的安全;对于低层和多层框架结构,柱的纵向钢筋连接也可以采用一些相对简单及造价较低的方法,如钢筋约束浆锚连接技术。

(1)节点区后浇。这类结构大多采用一字形预制梁、柱构件,梁内纵向钢筋在后浇梁柱节点区搭接或锚固。施工时,先安装预制梁和叠合楼板,在梁上部、楼板表面和梁柱节点区布置钢筋,然后现浇混凝土。待后浇混凝土达到设计强度后,安装上柱,将上、下柱纵向钢筋通过套筒灌浆连接在一起。

(2)节点整体预制。梁柱节点与构件整体预制时,构件可采用一维构件、二维构件和三维构件。二维构件、三维构件由于安装、运输困难,因此应用较少。

(3)世构(SCOPE)体系。预制预应力混凝土装配整体式框架结构体系[简称世构(SCOPE)体系,下同]。其核心技术是采用现浇或预制钢筋混凝土柱,预制预应力混凝土梁、板,通过钢筋混凝土后浇部分将梁、板、柱及节点连成整体的新型框架结构体系。该体系符合建筑工业化的发展方向和建设节约型社会的精神,属住房和城乡建设部"十二五"推广的建筑业 10 项新技术之一。

在工程实际应用中,世构体系主要有以下三种结构形式:一是采用预制柱、预制预应力混凝土叠合梁、板的全预制框架结构;二是采用现浇柱、预制预应力混凝土叠合梁、板的半装配框架结构;三是仅采用预制预应力混凝土叠合板,适用于各种类型的结构。

(4)型钢辅助连接。采用型钢辅助连接的框架体系,通常由预制框架柱、叠合梁、叠合板或预制楼板组成。构件加工时在梁、柱内预埋型钢,现场施工时通过螺栓或焊接在节点区连接,之后浇筑混凝土,形成整体结构。目前此种结构应用较少,相关规程正在编制过程中。

（三）框架—剪力墙结构技术体系

框架—剪力墙结构是由框架和剪力墙共同承受竖向作用和水平作用的结构，兼有框架结构和剪力墙结构的特点，体系中剪力墙和框架布置灵活，较易实现大空间和较高的适用高度，可以满足不同建筑功能的要求，可广泛应用于居住建筑、商业建筑、办公建筑、工业厂房等，有利于用户个性化室内空间的改造。

当剪力墙在结构中集中布置形成筒体时，就成为框架—核心筒结构。其主要特点是剪力墙布置在建筑平面核心区域，形成结构刚度和承载力较大的筒体，同时可作为竖向交通核（楼梯、电梯间）及设备管井使用；框架结构布置在建筑周边区域，形成第二道抗侧力体系。外周框架和核心筒之间可以形成较大的自由空间，便于实现各种建筑功能要求，特别适合于办公、酒店、公寓、综合楼等高层和超高层民用建筑。

根据预制构件部位的不同，可分为装配整体式框架—现浇剪力墙结构、装配整体式框架—现浇核心筒结构、装配整体式框架—剪力墙结构三种形式。前两者中剪力墙部分均为现浇。

1. 装配整体式框架—现浇剪力墙结构技术体系

装配整体式框架—现浇剪力墙结构中，框架结构部分的技术要求详见装配式混凝土框架部分；剪力墙部分为现浇结构，与普通现浇剪力墙结构要求相同。《装规》（JGJ 1—2014）规定，在保证框架部分连接可靠的情况下，装配整体式框架—现浇剪力墙结构与现浇的框架—剪力墙结构最大适用高度相同。

这种体系的优点是适用高度大，抗震性能好，框架部分的装配化程度较高。主要缺点是现场同时存在预制装配和现浇两种作业方式，施工组织和管理复杂，效率不高。

2. 装配整体式框架—现浇核心筒结构技术体系

在框架—核心筒结构中，核心筒具有很大的水平抗侧刚度和承载力，是框架—核心筒结构的主要受力构件，可以分担绝大部分的水平剪力（一般大于80%）和大部分的倾覆弯矩（一般大于50%）。由于核心筒具有空间结构特点，若将核心筒设计为预制装配式结构，会造成预制剪力墙构件生产、运输、安装施工的困难，效率及经济效益并不高。

因此,从保证结构安全以及施工效率的角度出发,国内外一般均不采用预制核心筒的结构形式。核心筒部位的混凝土浇筑量大且集中,可采用滑模施工等较先进的施工工艺,施工效率高。而外框架部分主要承担竖向荷载和部分水平荷载,承受的水平剪力很小,且主要由柱、梁、板等构件组成,适合装配式工法施工,现有的钢框架—现浇混凝土核心筒结构体系就是应用比较成熟的范例。

如果装配式框架部分采用简化的连接方式,如铰接或半刚接等,以核心筒承受全部的侧向地震作用,对装配效率会有大幅提升,但是需要在设计理论上进行创新。

3. 装配整体式框架—剪力墙结构技术体系

关于装配整体式框架—剪力墙结构体系的研究,国外(比如日本)进行过类似研究并有大量的工程实践,但体系稍有不同,国内基本处于空白状态。目前的框架—剪力墙结构建筑完全依靠传统现浇工法施工,已有相当进展的装配式框架体系和装配式剪力墙体系,在碰到框架—剪力墙结构时却显得并不适应。国内目前正在开展相关的研究工作,根据研究成果已在沈阳建筑大学研究生公寓项目、万科研发中心公寓等项目上开展了试点研究。

二、连接方法

对装配式结构而言,"可靠的连接方式"是第一重要的,是结构安全的最基本保障。装配式混凝土结构连接方式包括套筒灌浆连接、浆锚搭接连接、后浇混凝土连接、螺栓连接、焊接连接。

(一)套筒灌浆连接

套筒灌浆连接是指在预制混凝土构件中预埋的金属套筒中插入钢筋并灌注水泥基灌浆料而实现的钢筋连接方式。钢筋套筒灌浆连接主要用于装配式混凝土结构的剪力墙、预制柱的纵向受力钢筋的连接,也可用于叠合梁等后浇部位的纵向钢筋连接(见图2-1)。

受力钢筋套筒灌浆连接接头的技术在美国和日本已经有近40年的应用历史,在我国台湾地区也有多年的应用历史。40年来,上述国家和地区对钢筋套筒灌浆连接的技术进行了大量的试验研究,采用这

图2-1　灌浆套筒在装配式结构中的应用——叠合梁

项技术的建筑物也经历了多次地震的考验(包括日本一些大地震的考验)。美国 ACI 明确地将这种接头归类为机械连接接头,并将这项技术广泛用于预制构件受力钢筋的连接,同时也用于现浇混凝土受力钢筋的连接,是一项十分成熟和可靠的技术。在我国,这种接头在电力和冶金部门有过 20 余年的成功应用,近年来,开始引入建工部门。中国建筑科学研究院、中冶建筑研究总院有限公司、清华大学、万科企业股份有限公司等单位都对这种接头进行了一定的试验研究工作,证实了它的安全性。

　　连接套筒包括全灌浆套筒和半灌浆套筒两种形式。全灌浆套筒是指两端均采用灌浆方式与钢筋连接;半灌浆套筒是指一端采用灌浆方式与钢筋连接,而另一端采用非灌浆方式与钢筋连接(通常采用螺纹连接)。

　　1. 工作原理

　　套筒灌浆连接的工作原理是:将需要连接的带肋钢筋插入金属套筒内"对接",在套筒内注入高强早强且有微膨胀特性的灌浆料,灌浆料在套筒筒壁与钢筋之间形成较大的正向应力,在带肋钢筋的粗糙表面产生较大摩擦力,由此得以传递钢筋的轴向力,见图2-2。

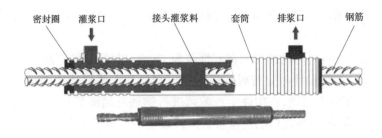

密封圈　灌浆口　接头灌浆料　套筒　排浆口　钢筋

图 2-2　套筒灌浆连接原理

灌浆料是以水泥为基本原料,配以适当的细骨料、混凝土外加剂和其他材料组成的干混料,加水搅拌后具有良好的流动性、早强、高强、微膨胀等特性,填充于套筒与带肋钢筋间隙内。

2.《装规》关于灌浆套筒连接的规定

纵向钢筋采用套筒灌浆连接时,应符合下列规定:

(1)接头应满足行业标准《钢筋机械连接技术规程》(JGJ 107—2016)中 I 级接头的性能要求,并应符合现行国家有关标准的规定。

(2)预制剪力墙中钢筋接头处套筒外侧钢筋的混凝土保护层厚度不应小于 15 mm,预制柱中钢筋接头处套筒外侧箍筋的混凝土保护层厚度不应小于 20 mm。

(3)套筒之间的净距不应小于 25 mm。

(4)预制构件采用钢筋套筒灌浆连接时,应在构件生产前进行钢筋套筒灌浆连接接头的抗拉强度试验,每种规格的连接接头试件数量不少于 3 个。

3.设计要点

套筒灌浆连接的承载力等同于钢筋或比钢筋高一些,即使破坏,也是在套筒连接区域之外的钢筋处破坏,而不是在套筒区域破坏,这样的等同效果是套筒和灌浆料厂家的试验所证明的。所以,结构设计对套筒灌浆节点不需要进行结构计算,主要是选择合适的套筒灌浆材料,设计中需要注意的要点是:

(1)应符合《装规》和现行行业标准《钢筋套筒灌浆连接应用技术规程》(JGJ 355—2015)的规定。

（2）采用套筒灌浆连接时，钢筋应当是带肋钢筋，不能用光圆钢筋。

（3）选择可靠的灌浆套筒和灌浆料，并应选择匹配的产品。

（4）结构设计师应按规范规定提出套筒和灌浆料选用要求，并应在设计图样中强调，在构件生产前须进行钢筋套筒灌浆连接接头的抗拉强度试验，每种规格的连接接头试件数量不应少于 3 个。

（5）须了解套筒直径、长度、钢筋插入长度等数据，据此做出构件保护层、伸出钢筋长度等细部设计。

（6）由于套筒外径大于所对应的钢筋直径，由此：

①套筒区箍筋尺寸与非套筒区箍筋尺寸不一样，且箍筋间距加密。

②两个区域保护层厚度不一样；在结构计算时，应当注意由于套筒引起的受力钢筋保护层厚度的增大，或者说 h_0 的减小。

③对于按照现浇结构进行设计，之后才决定采用装配式的工程，以套筒箍筋保护层作为控制因素，或断面尺寸不变，受力钢筋"内移"，减小 h_0，或扩大断面尺寸，由此会改变构件刚度，结构设计时必须进行复核计算，做出选择。

（7）套筒连接的灌浆不仅仅是要保证套筒内灌满，还要灌满构件接缝缝隙。构件接缝缝隙一般为 20 mm 高。规范要求预制柱底部须设置键槽，键槽深度不小于 30 mm，如此键槽处缝高达 50 mm。构件接缝灌浆时需封堵，避免漏浆或灌浆不密实。

（8）外立面构件因装饰效果或因保温层等不允许或无法接出灌浆孔和出浆孔，可用灌浆孔导管引向构件的其他面。

（二）浆锚搭接连接

浆锚搭接连接是指在预制混凝土构件中预留孔道，在孔道中插入需搭接的钢筋，并灌注水泥基浆料而实现的钢筋搭接连接方式。

构件安装时，将需搭接的钢筋插入孔洞内至设定的搭接长度，通过灌浆孔和排气孔向孔洞内灌入灌浆料，经灌浆料凝结硬化后，完成两根钢筋的搭接。其中，预制构件的受力钢筋在采用有螺旋箍筋约束的孔道中进行搭接的技术，称为钢筋约束浆锚搭接连接。

1.工作原理

约束浆锚搭接连接的原理:浆锚搭接连接是基于黏结锚固原理进行连接的方法,在竖向结构构件下段范围内预留出竖向孔洞,孔洞内壁表面留有螺纹状粗糙面,周围配有横向约束螺旋箍筋,将下部装配式预制构件预留钢筋插入孔洞内,通过灌浆孔注入灌浆料将上、下构件连接成一体的连接方式,见图2-3。

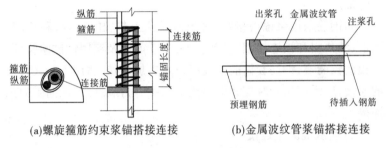

(a)螺旋箍筋约束浆锚搭接连接　　　　(b)金属波纹管浆锚搭接连接

图2-3　浆锚搭接连接

2.预留孔洞内壁

浆锚搭接预留孔洞的成型方式:

(1)埋置螺旋的金属内模,构件达到强度后旋出内模。

(2)预埋金属波纹管做内模,完成后不抽出。

两种成型方式对比:采用金属内膜旋出时容易造成孔壁损坏,也比较费工,相比之下金属波纹管方式更可靠、简单。

3.《装配式混凝土结构设计规程》对浆锚连接的规定

纵向钢筋采用浆锚搭接连接时,对预留孔成孔工艺、孔道形状和长度、构造要求、灌浆料和被连接钢筋,应进行力学性能以及适用性的试验验证。直径大于20 mm的钢筋不宜采用浆锚搭接连接,直接承受动力荷载构件的纵向钢筋不应采用浆锚搭接连接。

装配整体式框架结构中,预制柱的纵向钢筋连接应符合下列规定:

(1)当房屋高度不大于12 m或层数不超过3层时,可采用套筒灌浆、浆锚搭接、焊接等连接方式。

(2)当房屋高度大于12 m或层数超过3层时,宜采用套筒灌浆连接。

浆锚搭接连接技术的关键在于孔洞的成型技术、灌浆料的质量以及对被搭接钢筋形成约束的方法等各个方面。

目前,我国的孔洞成型技术种类较多,尚无统一的论证,因此《规程》要求纵向钢筋采用浆锚搭接连接时,对预留孔成孔工艺、孔道形状和长度、构造要求、灌浆料和被连接钢筋应进行力学性能以及适用性的试验验证。

纵向钢筋采用浆锚搭接时,对预留成孔工艺、孔道形状和长度、构造要求、灌浆料和被连接钢筋应进行力学性能以及实用性试验验证。

相比较而言,钢筋套筒灌浆连接技术更加成熟,适用于较大直径钢筋的连接;广泛应用于装配式混凝土结构中剪力墙、柱等纵向受力钢筋的连接。

(三)后浇混凝土连接

后浇混凝土是指预制构件安装后在预制构件连接区域或叠合层现场浇筑的混凝土。在装配式结构中,基础、首层、裙房、顶层等部位的现浇混凝土称为后浇混凝土。

后浇混凝土连接是装配式混凝土结构中非常重要的连接方式,基本上所有的装配式混凝土结构建筑都会有后浇混凝土。

后浇混凝土钢筋连接是后浇混凝土连接节点最重要的环节。

后浇混凝土钢筋连接方式可采用现浇结构钢筋的连接方式,主要包括机械螺纹套筒连接、钢筋搭接、钢筋焊接等。

1.《装规》中的相关规定

预制构件与后浇混凝土、灌浆料、坐浆材料的结合面应设置粗糙面、键槽,并应符合下列规定:

(1)预制板与后浇混凝土叠合层之间的结合面应设置粗糙面。

(2)预制梁与后浇混凝土叠合层之间的结合面应设置粗糙面;预制梁端面应设置键槽(见图2-4)且宜设置粗糙面。键槽的尺寸和数量应按《装规》第 7.2.2 条的规定计算确定;键槽的深度 t 不宜小于 30 mm,宽度 w 不宜小于深度的 3 倍且不宜大于深度的 10 倍;键槽可贯通截面,当不贯通时槽口距离截面边缘不宜小于 50 mm;键槽间距宜等于键槽宽度;键槽端部斜面倾角不宜大于 30°。

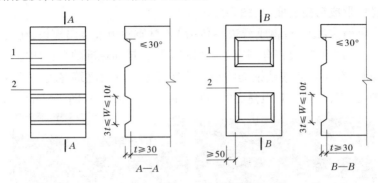

1—键槽;2—梁端面

图 2-4　梁端键槽构造示意

(3)预制剪力墙的顶部和底部与后浇混凝土的结合面应设置粗糙面;侧面与后浇混凝土的结合面应设置粗糙面,也可设置键槽;键槽深度 t 不宜小于 20 mm,宽度 w 不宜小于深度的 3 倍且不宜大于深度的 10 倍,键槽间距宜等于键槽宽度,键槽端部斜面倾角不宜大于 30°。

(4)预制柱的底部应设置键槽且宜设置粗糙面,键槽应均匀布置,键槽深度不宜小于 30 mm,键槽端部斜面倾角不宜大于 30°。柱顶应设置粗糙面。

(5)粗糙面的面积不宜小于结合面的 80%,预制板的粗糙面凹凸深度不应小于 4 mm,预制梁端、预制柱端、预制墙端的粗糙面凹凸深度不应小于 6 mm。

2.粗糙面的处理方法

凿毛法:人工使用铁锤和凿子剔除预制构件结合面的表皮,露出碎石骨料;或使用专门的小型凿岩机配置梅花平头钻,剔除结合面混凝土表皮,见图 2-5(a)。

缓凝水冲法:在预制构件混凝土浇筑前,将含有缓凝剂的浆液涂刷在模板上,浇筑混凝土后,利用已浸润缓凝剂的表面混凝土与内部混凝土的缓凝时间差,用高压水冲洗未凝固的表层混凝土,冲掉表面浮浆露出骨料形成粗糙表面,见图 2-5(b)。

留槽法(或 PE 膜成型法):包括 PE 材质模板或金属模板,在成型模板上加工制作成符合国家关于预制构件粗糙面标准的多个凹槽或多个凸起,在布置有连接钢筋的预制构件成型模具内浇筑混凝土,振捣、养护、脱模,得到具有粗糙面的预制构件,见图 2-5(c)、图 2-5(d)。

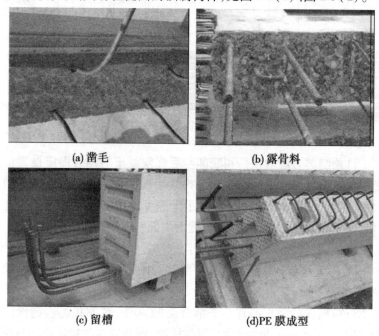

(a) 凿毛　　　　　　　　　(b) 露骨料

(c) 留槽　　　　　　　　　(d)PE 膜成型

图 2-5　粗糙面的处理方法

(四)螺栓连接

螺栓连接是指用螺栓和预埋件将预制构件与预制构件或预制构件与主体结构进行连接的一种连接方式,见图 2-6。

螺栓连接属于干法连接;钢筋套筒灌浆连接、浆锚搭接连接、后浇混凝土连接都属于湿法连接。

图2-6　螺栓连接

螺栓连接的适用范围:在装配式混凝土结构中,螺栓连接仅用于外挂墙板和楼梯等非主体结构构件的连接。

(五)焊接连接

焊接连接是指在预制混凝土构件中预埋钢板,构件之间将预埋钢板进行焊接连接来传递构件之间作用力的连接方式。焊接连接在混凝土结构中仅用于非结构构件的连接。

第三节　PC装配式建筑连接节点构造

由于装配式结构连接节点数量多且构造复杂,节点的构造措施及制作安装的质量对结构整体抗震性能影响较大,因此需重点针对预制构件的连接节点进行设计。

本节详细内容,读者可通过扫描二维码进行阅读与学习。

复习训练题

一、选择题

1.装配整体式混凝土结构的连接以湿连接为主要方式,以下属于湿连接的是(　　　)。

　　A.套筒灌浆连接　　　　　　　　B.浆锚搭接连接

C.后浇混凝土连接　　　　　　D.螺栓连接

2.水平钢筋套筒灌浆连接时,灌浆作业不符合规范要求的是(　　)。

A.采用压浆法从灌浆套筒一侧灌浆孔注入,在另一侧出浆孔流出时应停止灌浆

B.套筒灌浆孔、出浆孔应朝上

C.灌满后浆面高于套筒内壁最高点

D.使用过的灌浆料可以回收利用

二、判断题

1.装配式建筑的关键核心在于设计采用什么样的装配式结构体系和工艺体系来保证预制构件的传力以及构件、节点的协同工作。(　　)

2.叠合板的预制板厚度不宜小于 60 mm,后浇混凝土叠合层厚度不应小于 50 mm。(　　)

3.在金属套筒中插入单根带肋钢筋并注入灌浆料拌和物,通过拌和物硬化形成整体并实现传力的钢筋对接连接,简称套筒灌浆连接。(　　)

4.预制梁端面应设置键槽且宜设置粗糙面,键槽的深度 t 不宜小于 20 mm。(　　)

第三章　灌浆连接技术要求

第一节　概　述

　　钢筋套筒灌浆连接技术是指带肋钢筋插入内腔为凹凸表面的灌浆套筒,通过向套筒与钢筋的间隙灌注专用高强水泥基灌浆料,灌浆料凝固后将钢筋锚固在套筒内实现针对预制构件的一种钢筋连接技术。该技术将灌浆套筒预埋在混凝土构件内,在安装现场从预制构件外通过注浆管将灌浆料注入套筒,来完成预制构件钢筋的连接,是预制构件中受力钢筋连接的主要形式,主要用于各种装配整体式混凝土结构的受力钢筋连接。

　　钢筋套筒灌浆连接接头由灌浆套筒、钢筋(见图3-1)、灌浆料三种材料组成,其中灌浆套筒分为半灌浆套筒和全灌浆套筒,半灌浆套筒连接的接头一端为灌浆连接,另一端为机械连接。

图 3-1　灌浆套筒及钢筋

　　钢筋套筒灌浆连接施工流程主要包括:预制构件在工厂完成套筒与钢筋的连接、套筒在模板上的安装固定和进、出浆管道与套筒的连接,在建筑施工现场完成构件安装、灌浆腔密封、灌浆料加水拌和及套筒灌浆。

竖向预制构件的受力钢筋连接可采用半灌浆套筒或全灌浆套筒。构件宜采用连通腔灌浆方式,并应合理划分连通腔区域。构件也可采用单个套筒独立灌浆,构件就位前水平缝处应设置坐浆层。套筒灌浆连接应采用由经接头型式检验确认的与套筒相匹配的灌浆料,使用与材料工艺配套的灌浆设备,以压力灌浆方式将灌浆料从套筒下方的进浆孔灌入,从套筒上方出浆孔流出,及时封堵进、出浆孔,确保套筒内有效连接部位的灌浆料填充密实。

水平预制构件纵向受力钢筋在现浇带处连接可采用全灌浆套筒连接。套筒安装到位后,套筒进浆孔和出浆孔应位于套筒上方,使用单套筒灌浆专用工具或设备进行压力灌浆,灌浆料从套筒一端进浆孔注入,从另一端出浆口流出后,进浆孔、出浆孔接头内灌浆料浆面均应高于套筒外表面最高点。

套筒灌浆施工后,灌浆料同条件养护试件的抗压强度达到 35 MPa 后,方可进行对接头有扰动的后续施工。

钢筋套筒灌浆连接的传力机制比传统机械连接更复杂,《钢筋套筒灌浆连接应用技术规程》(JGJ 355—2015)、《钢筋连接用灌浆套筒》(JG/T 398—2012)、《钢筋连接用套筒灌浆料》(JG/T 408—2013)对钢筋套筒灌浆连接接头、灌浆套筒以及灌浆料的性能、型式检验、工艺检验、施工与验收等进行了专门要求,本章将对以上内容进行介绍。

第二节　钢筋套筒灌浆连接应用技术规范

一、钢筋套筒灌浆连接技术背景

1966 年美国檀香山 38 层的阿拉莫阿纳酒店是套筒灌浆连接技术的最早应用,在美国装配式高层建筑中套筒灌浆技术有较为广泛的应用,如纽约的 Washington Square 酒店等。同样,在工业厂房和机场控制塔台、预制桥梁中套筒灌浆技术也有应用。

1973年套筒灌浆技术首次引入日本并得到了日本建设省的认证。日本的装配式混凝土结构中，墙板结构仅用于低、多层结构且墙板以"干式"连接为主，对于15层以上的高层结构来说套筒灌浆技术是非常适合的，也正因此该项技术成为了一项普及应用的装配式结构技术。目前，世界上最高的装配式混凝土框架结构建筑就是采用了套筒灌浆连接技术的The Tokyo Tower（东京塔）住宅楼。

在中国大陆，较早采用套筒灌浆接头技术的工程是2008年竣工的上海金山3M厂房项目，该厂房为装配式框架结构；2009年竣工的北京万科中粮假日风景住宅同样为装配式框架结构，其中三层以上外墙采用预制墙板，钢筋采用套筒灌浆接头连接。

套筒灌浆接头主要被用于柱、剪力墙等竖向结构，在美国、日本及我国台湾地区都有较为成熟的应用经验，而对于中国大陆来说刚刚起步。在经历了种种考验后，美国和日本均认为它可以在地震区和高层建筑中安全使用。

二、各种灌浆接头材料、标识、性能及设计要求

（一）材料

套筒灌浆连接的钢筋应采用符合现行国家标准《钢筋混凝土用钢第2部分：热轧带肋钢筋》（GB 1499.2—2018）以及《钢筋混凝土用余热处理钢筋》（GB 13014—2013）要求的带肋钢筋；钢筋直径不宜小于12 mm，且不宜大于40 mm。

灌浆套筒应符合现行行业标准《钢筋连接用灌浆套筒》（JG/T 398—2012）的有关规定。灌浆套筒灌浆段最小内径与连接钢筋公称直径的差值不宜小于表3-1规定的数值，用于钢筋锚固的深度不宜小于插入钢筋公称直径的8倍。

表3-1 **灌浆套筒灌浆段最小内径尺寸要求** （单位：mm）

钢筋直径	套筒灌浆段最小内径与连接钢筋公称直径差最小值
12～25	10
28～40	15

灌浆料性能及试验方法应符合现行行业标准《钢筋连接用套筒灌浆料》(JG/T 408—2013)的有关规定,并应符合下列规定:

(1)灌浆料抗压强度应符合表3-2的要求,且不应低于接头设计要求的灌浆料抗压强度;灌浆料抗压强度试件尺寸应按40 mm×40 mm×160 mm制作,其加水量应按灌浆料产品说明书确定,试件应按标准方法制作、养护。

表3-2　灌浆料抗压强度

时间(龄期)	抗压强度(N/mm²)
1 d	≥35
3 d	≥60
28 d	≥85

(2)灌浆料竖向膨胀率应符合表3-3的要求。

表3-3　灌浆料竖向膨胀率

项目	竖向膨胀率(%)
3 h	≥0.02
24 h与3 h差值	0.02~0.50

(3)灌浆料拌和物的工作性能应符合表3-4的要求,泌水率试验方法应符合现行国家标准《普通混凝土拌合物性能试验方法标准》(GB/T 50080—2016)的规定。

表3-4　灌浆料拌和物的工作性能要求

项目		工作性能要求
流动度(mm)	初始	≥300
	30 min	≥260
泌水率(%)		0

(二)标识

1.术语

钢筋套筒灌浆连接是在金属套筒中插入单根带肋钢筋并注入灌浆料拌和物,通过拌和物硬化形成整体并实现传力的钢筋对接连接,简称套筒灌浆连接。

钢筋连接用灌浆套筒是采用铸造工艺或机械加工工艺制造,用于钢筋套筒灌浆连接的金属套筒,简称灌浆套筒。灌浆套筒可分为全灌浆套筒和半灌浆套筒。

全灌浆套筒是两端均采用套筒灌浆连接的灌浆套筒,如图3-2所示。

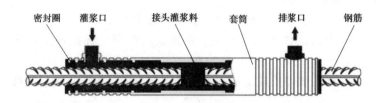

图3-2　全灌浆套筒示意

半灌浆套筒是以一端采用套筒灌浆连接,另一端采用机械连接方式连接钢筋的灌浆套筒,如图3-3所示。

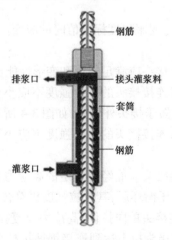

图3-3　半灌浆套筒示意图

钢筋连接用套筒灌浆料是以水泥为基本材料,并配以细骨料、外加剂及其他材料混合而成的用于钢筋套筒灌浆连接的干混料,简称灌浆料。

灌浆料拌和物是以灌浆料按规定比例加水搅拌后,具有规定流动性、早强、高强及硬化后微膨胀等性能的浆体。

2. 符号

A_{sgt}——接头试件的最大力下总伸长率;

d_s——钢筋公称直径;

f_g——灌浆料 28 d 抗压强度合格指标;

f_{yk}——钢筋屈服强度标准值;

L——灌浆套筒长度;

L_g——大变形反复拉压试验变形加载值计算长度;

u_0——接头试件加载至 $0.6f_{yk}$ 并卸载后在规定标距内的残余变形;

u_4——接头试件按规定加载制度经大变形反复拉压 4 次后的残余变形;

u_8——接头试件按规定加载制度经大变形反复拉压 8 次后的残余变形;

u_{20}——接头试件按规定加载制度经高应力反复拉压 20 次后的残余变形;

ε_{yk}——钢筋应力为屈服强度标准值时的应变。

(三)性能要求

(1)套筒灌浆连接接头应满足强度和变形性能要求。

(2)钢筋套筒灌浆连接接头的抗拉强度不应小于连接钢筋抗拉强度标准值,且破坏时应短于接头外钢筋,如图 3-4 所示。

(3)钢筋套筒灌浆连接接头的屈服强度不应小于连接钢筋屈服强度标准值。

(4)套筒灌浆连接接头应能经受规定的高应力和大变形反复拉压循环检验,且在经历拉压循环后,其抗拉强度仍符合规范的规定。

(5)套筒灌浆连接接头单向拉伸、高应力反复拉压、大变形反复拉压试验加载过程中,当接头拉力达到连接钢筋抗拉荷载标准值的 1.15

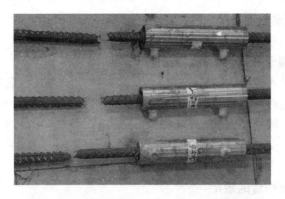

图3-4　钢筋套筒灌浆连接接头抗拉强度测试

倍而未发生破坏时,应判为抗拉强度合格,可停止试验。

(6)套筒灌浆连接接头的变形性能应符合表 3-5 的规定。当频遇荷载组合下,构件中钢筋应力大于钢筋屈服强度标准值 f_{yk} 的 0.6 倍时,设计单位可对单向拉伸残余变形的加载峰值 u_0 提出调整要求。

表3-5　套筒灌浆连接接头的变形性能要求

项目		变形性能要求
对中单向拉伸	残余变形(mm)	$u_0 \leqslant 0.10(d \leqslant 32)$ $u_0 \leqslant 0.14(d > 32)$
	最大力下总伸长率(%)	$A_{sgt} \geqslant 6.0$
高应力反复拉压	残余变形(mm)	$u_{20} \leqslant 0.3$
大变形反复拉压		$u_4 \leqslant 0.3$ 且 $u_8 \leqslant 0.6$

三、接头型式检验

(一)接头型式检验的条件

属于下列情况时,应进行接头型式检验:

(1)确定接头性能时。

(2)灌浆套筒材料、工艺、结构改动时。

(3)灌浆料型号、成分改动时。

（4）钢筋强度等级、肋形发生变化时。

（5）型式检验报告超过 4 年时。

（二）用于型式检验的钢筋、灌浆套筒、灌浆料

用于型式检验的钢筋、灌浆套筒、灌浆料应符合现行国家标准《钢筋混凝土用钢 第 2 部分:热轧带肋钢筋》（GB 1499.2—2007）、《钢筋混凝土用余热处理钢筋》（GB 13014—2013）、《钢筋连接用灌浆套筒》（JG/T 398—2012）、《钢筋连接用套筒灌浆料》（JG/T 408—2013）的规定。

（三）应符合的规定

（1）每种套筒灌浆连接接头型式检验的试件数量与检验项目应符合下列规定:

①对中接头试件应为 9 个,其中 3 个做单向拉伸试验、3 个做高应力反复拉压试验、3 个做大变形反复拉压试验。

②偏置接头试件应为 3 个,做单向拉伸试验。

③钢筋试件应为 3 个,做单向拉伸试验。

④全部试件的钢筋均应在同一炉（批）号的 1 根或 2 根钢筋上截取。

（2）用于型式检验的套筒灌浆连接接头试件应在检验单位监督下由送检单位制作,并应符合下列规定:

①3 个偏置接头试件应保证一端钢筋插入灌浆套筒中心,一端钢筋偏置后钢筋横肋与套筒壁接触;9 个对中接头试件的钢筋均应插入灌浆套筒中心;所有接头试件的钢筋应与灌浆套筒轴线重合或平行,钢筋在灌浆套筒插入深度应为灌浆套筒的设计锚固深度。

②接头试件应按以下规定进行灌浆:

a. 灌浆料使用前,应检查产品包装上的有效期和产品外观。

b. 拌和用水应符合现行行业标准《混凝土用水标准（附条文说明）》（JGJ 63—2006）的有关规定。

c. 加水量应按灌浆料使用说明书的要求确定,并应按重量计量。

d. 灌浆料拌和物应采用电动设备搅拌充分、均匀,并宜静置 2 min 后使用。

e. 搅拌完成后,不得再次加水。

f. 每工作班应检查灌浆料拌和物初始流动度不少于 1 次。

g. 强度检验试件的留置数量应符合验收及施工控制要求。

对于半灌浆套筒连接,机械连接端的加工应符合现行行业标准《钢筋机械连接技术规程》(JGJ 107—2016)的有关规定。

③采用灌浆料拌和物制作的 40 mm × 40 mm × 160 mm 试件不应少于 1 组,并宜留设不少于 2 组。

④接头试件及灌浆料试件应在标准养护条件下养护。

⑤接头试件在试验前不应进行预拉。

注意:进行型式检验试验时,灌浆料抗压强度不应小于 80 N/mm², 且不应大于 95 N/mm²;当灌浆料 28 d 抗压强度合格指标(f_g)高于 85 N/mm²时,试验时的灌浆料抗压强度低于 28 d 抗压强度合格指标(f_g)不应大于 5 N/mm²,且超过 28 d 抗压强度合格指标(f_g)不应大于 10 N/mm²与 $0.1f_g$ 二者的较大值;当型式检验试验灌浆料抗压强度低于 28 d 抗压强度合格指标(f_g)时,应增加检验灌浆料 28 d 抗压强度。

(3)型式检验的试验方法应符合现行行业标准《钢筋机械连接技术规程》(JGJ 107—2016)的有关规定,并应符合下列规定:

①接头试件的加载力应符合套筒灌浆连接接头单向拉伸、高应力反复拉压、大变形反复拉压试验加载过程中,当接头拉力达到连接钢筋抗拉荷载标准值的 1.15 倍而未发生破坏的要求。

②偏置单向拉伸接头试件的抗拉强度试验应采用零到破坏的一次加载制度。

③大变形反复拉压试验的前后反复 4 次变形加载值分别应取 $2\varepsilon_{yk}L_g$ 和 $5\varepsilon_{yk}L_g$,其中 ε_{yk} 是应力为屈服强度标准值时的钢筋应变,计算长度 L_g 应按下列公式计算:

全灌浆套筒连接

$$L_g = \frac{L}{4} + 4d_s \tag{3-1}$$

半灌浆套筒连接

$$L_g = \frac{L}{2} + 4d_s \tag{3-2}$$

式中　L——灌浆套筒长度,mm;

　　　d_s——钢筋公称直径,mm。

(四)合格标准

当型式检验的灌浆料抗压强度符合本节第三部分中(三)中"注意"的规定,且型式检验试验结果符合下列规定时,可评为合格:

(1)强度检验:每个接头试件的抗拉强度实测值不应小于连接钢筋抗拉强度标准值;3 个对中单向拉伸试件、3 个偏置单向拉伸试件的屈服强度实测值不应小于连接钢筋屈服强度标准值。

(2)变形检验:对残余变形和最大力下总伸长率,相应项目的 3 个试件实测值的平均值应符合表 3-6 的规定。

(3)型式检验应由专业检测机构进行,并应按本规定的格式出具检验报告。

四、施工要求与验收

(一)一般规定

(1)套筒灌浆连接应采用由接头型式检验确定的相匹配的灌浆套筒、灌浆料。

(2)套筒灌浆连接施工应编制专项施工方案。

(3)灌浆施工的操作人员应经专业培训后上岗。

(4)对于首次施工,宜选择有代表性的单元或部位进行试制作、试安装、试灌浆。

(5)施工现场灌浆料宜储存在室内,并应采取防雨、防潮、防晒措施。

(二)构件制作

(1)预制构件钢筋及灌浆套筒的安装应符合下列规定:

①连接钢筋与全灌浆套筒安装时,钢筋应逐根插入灌浆套筒内,插入深度应满足设计锚固深度的要求。

②钢筋安装时,应将其固定在模具上;灌浆套筒与柱底、墙底模板应垂直;应采用橡胶环、螺杆等固定件避免混凝土浇筑、振捣时灌浆套筒和连接钢筋移位。

③与灌浆套筒连接的灌浆管、出浆管应定位准确、安装稳固。

④应采取防止混凝土浇筑时向灌浆套筒内漏浆的封堵措施。

（2）对于半灌浆套筒连接，机械连接端的钢筋丝头加工、连接安装、质量检查应符合现行行业标准《钢筋机械连接技术规程》（JGJ 107—2016）的有关规定。

（3）浇筑混凝土之前，应进行钢筋隐蔽工程检查。隐蔽工程检查应包括下列内容：

①纵向受力钢筋的牌号、规格、数量、位置。

②灌浆套筒的型号、数量、位置及灌浆孔、出浆孔、排气孔的位置。

③钢筋的连接方式、接头位置、接头质量、接头面积百分率、搭接长度、锚固方式及锚固长度。

④箍筋、横向钢筋的牌号、规格、数量、间距、位置，箍筋弯钩的弯折角度及平直段长度。

⑤预埋件的规格、数量和位置。

（4）预制构件拆模后，灌浆套筒的位置及外露钢筋位置、长度偏差应符合表3-6的规定。

表3-6 预制构件灌浆套筒和外露钢筋的允许偏差及检验方法

项目		允许偏差（mm）	检查方法
灌浆套筒中心位置		+2 0	尺量
外漏钢筋	中心位置	+2 0	
	外露长度	+10 0	

预制构件制作及运输过程中，应对外露钢筋、灌浆套筒分别采取包裹、封盖措施。预制构件出厂前，应对灌浆套筒的灌浆孔和出浆孔进行透光检查，并清理灌浆套筒内的杂物。

（三）安装与连接

连接部位现浇混凝土施工过程中，应采取设置定位架等措施保证外露钢筋的位置、长度和顺直度，并应避免污染钢筋。预制构件吊装前,应检查构件的类型与编号。当灌浆套筒内有杂物时,应清理干净。

预制构件就位前,应按下列规定检查现浇结构施工质量:

(1)现浇结构与预制构件的结合面应符合设计及现行行业标准《装配式混凝土结构技术规程》(JGJ 1—2014)的有关规定。

(2)现浇结构施工后外露连接钢筋的位置、尺寸偏差应符合表 3-7 的规定,超过允许偏差的应予以处理。

表 3-7　现浇结构施工后外露连接钢筋的位置、尺寸允许偏差及检验方法

项目	允许偏差(mm)	检验方法
中心位置	+3 0	尺量
外露长度、顶点标高	+15 0	

(3)外露连接钢筋的表面不应粘连混凝土、砂浆,不应发生锈蚀。

(4)当外露连接钢筋倾斜时,应进行校正。

预制柱、墙安装前,应在预制构件及其支承构件间设置垫片,并应符合下列规定:

(1)宜采用钢质垫片。

(2)可通过垫片调整预制构件的底部标高,通过在构件底部四角加塞垫片调整构件安装的垂直度。

(3)垫片处的混凝土局部受压应按式(3-3)进行验算:

$$F_1 \leqslant 2f'_c A_1 \qquad (3-3)$$

式中　F_1——作用在垫片上的压力值,可取 1.5 倍的构件自重;

　　　　A_1——垫片的承压面积,可取所有垫片的面积和;

　　　　f'_c——预制构件安装时,预制构件及其支承构件的混凝土轴心抗压强度设计值较小值。

灌浆施工方式及构件安装应符合下列规定:

(1)钢筋水平连接时,灌浆套筒应各自独立灌浆。

(2)竖向构件宜采用连通腔灌浆,并应合理划分连通灌浆区域;每

个区域除预留灌浆孔、出浆孔与排气孔外，应形成密闭空腔，不应漏浆；连通灌浆区域内任意两个灌浆套筒间距离不宜超过1.5 m。

（3）竖向预制构件不采用连通腔灌浆方式时，构件就位前应设置坐浆层。

预制柱、墙的安装应符合下列规定：

（1）临时固定措施的设置应符合现行国家标准《混凝土结构工程施工规范》（GB 50666—2011）的有关规定。

（2）采用连通腔灌浆方式时，灌浆施工前应对各连通灌浆区域进行封堵，且封堵材料不应减小结合面的设计面积。

预制梁和既有结构改造现浇部分的水平钢筋采用套筒灌浆连接时，施工措施应符合下列规定：

（1）连接钢筋的外表面应标记插入灌浆套筒最小锚固长度的标志，标志位置应准确、颜色应清晰。

（2）对灌浆套筒与钢筋之间的缝隙应采取防止灌浆时灌浆料拌和物外漏的封堵措施。

（3）预制梁的水平连接钢筋轴线偏差不应大于5 mm，超过允许偏差的应予以处理。

（4）与既有结构的水平钢筋相连接时，新连接钢筋的端部应设有保证连接钢筋同轴、稳固的装置。

（5）灌浆套筒安装就位后，灌浆孔、出浆孔应在套筒水平轴正上方±45°的锥体范围内，并安装有孔口超过灌浆套筒外表面最高位置的连接管或连接头。

灌浆料使用前，应检查产品包装上的有效期和产品外观。灌浆料使用应符合下列规定：

（1）拌和用水应符合现行行业标准《混凝土用水标准（附条文说明）》（JGJ 63—2006）的有关规定。

（2）加水量应按灌浆料使用说明书的要求确定，并应按重量计量。

（3）灌浆料拌和物应采用电动设备搅拌充分、均匀，并宜静置2 min后使用。

（4）搅拌完成后，不得再次加水。

（5）每工作班应检查灌浆料拌和物初始流动度不少于1次，指标应符合规范的相应规定。

(6)强度检验试件的留置数量应符合验收及施工控制要求。

灌浆施工应按施工方案执行,并应符合下列规定:

(1)灌浆操作全过程应有专职检验人员负责现场监督并及时形成施工检查记录。

(2)灌浆施工时,环境温度应符合灌浆料产品使用说明书要求;环境温度低于 5 ℃时不宜施工,环境温度低于 0 ℃时不得施工;当环境温度高于 30 ℃时,应采取降低灌浆料拌和物温度的措施。

(3)对竖向钢筋套筒灌浆连接,灌浆作业应采用压浆法从灌浆套筒下灌浆孔注入,当灌浆料拌和物从构件其他灌浆孔、出浆孔流出后应及时封堵。

(4)竖向钢筋套筒灌浆连接采用连通腔灌浆时,宜采用一点灌浆的方式;当一点灌浆遇到问题而需要改变灌浆点时,各灌浆套筒已封堵灌浆孔、出浆孔应重新打开,待灌浆料拌和物再次流出后进行封堵。

(5)对水平钢筋套筒灌浆连接,灌浆作业应采用压浆法从灌浆套筒灌浆孔注入,当灌浆套筒灌浆孔、出浆孔的连接管或连接头处的灌浆料拌和物均高于灌浆套筒外表面最高点时应停止灌浆,并及时封堵灌浆孔、出浆孔。

(6)灌浆料宜在加水后 30 min 内用完。

(7)散落的灌浆料拌和物不得二次使用,剩余的拌和物不得再次添加灌浆料、水后混合使用。

当灌浆施工出现无法出浆的情况时,应查明原因,采取的施工措施应符合下列规定:

(1)对于未密实饱满的竖向连接灌浆套筒,当在灌浆料加水拌和 30 min 内时,应首选在灌浆孔补灌;当灌浆料拌和物已无法流动时,可从出浆孔补灌,并应采用手动设备结合细管压力灌浆。

(2)水平钢筋连接灌浆施工停止后 30 s,当发现灌浆料拌和物下降时,应检查灌浆套筒的密封或灌浆料拌和物排气情况,并及时补灌或采取其他措施。

(3)补灌应在灌浆料拌和物达到设计规定的位置后停止,并应在灌浆料凝固后再次检查其位置是否符合设计要求。

灌浆料同条件养护试件抗压强度达到 35 N/mm² 后,方可进行对接头有扰动的后续施工;临时固定措施的拆除应在灌浆料抗压强度能确保结构达到后续施工承载要求后进行。

(四)验收

采用钢筋套筒灌浆连接的混凝土结构验收应符合现行国家标准《混凝土结构工程施工质量验收规范》(GB 50204—2015)的有关规定,可划入装配式结构分项工程。

工程应用套筒灌浆连接时,应由接头提供单位提交所有规格接头的有效型式检验报告。验收时应核查下列内容:

(1)工程中应用的各种钢筋强度级别、直径对应的型式检验报告应齐全,报告应合格、有效。

(2)型式检验报告送检单位与现场接头提供单位应一致。

(3)型式检验报告中的接头类型,灌浆套筒规格、级别、尺寸,灌浆料型号与现场使用的产品应一致。

(4)型式检验报告应在 4 年有效期内,可按灌浆套筒进厂(场)验收日期确定。

(5)报告内容应包括本规程附录 A 规定的所有内容。

灌浆套筒进厂(场)时,应抽取灌浆套筒检验外观质量、标识和尺寸偏差,检验结果应符合现行行业标准《钢筋连接用灌浆套筒》(JG/T 398—2012)及规范有关规定。检查数量:同一批号、同一类型、同一规格的灌浆套筒,不超过 1 000 个为一批,每批随机抽取 10 个灌浆套筒。检验方法为观察,尺量检查。

灌浆料进场时,应对灌浆料拌和物 30 min 流动度、泌水率及 3 d 抗压强度、28 d 抗压强度、3 h 竖向膨胀率、24 h 与 3 h 竖向膨胀率差值进行检验,检验结果应符合规范有关规定。检查数量:同一成分、同一批号的灌浆料,不超过 50 t 为一批,每批按现行行业标准《钢筋连接用套筒灌浆料》(JG/T 408—2013)的有关规定随机抽取灌浆料制作试件。检验方法:检查质量证明文件和抽样检验报告。

灌浆施工前,应对不同钢筋生产企业的进场钢筋进行接头工艺检验;施工过程中,当更换钢筋生产企业,或同生产企业生产的钢筋外形尺寸与已完成工艺检验的钢筋有较大差异时,应再次进行工艺检验。

接头工艺检验应符合下列规定：

（1）灌浆套筒埋入预制构件时，工艺检验应在预制构件生产前进行；当现场灌浆施工单位与工艺检验时的灌浆单位不同时，灌浆前应再次进行工艺检验。

（2）工艺检验应模拟施工条件制作接头试件，并应按接头提供单位提供的施工操作要求进行。

（3）每种规格钢筋应制作 3 个对中套筒灌浆连接接头，并应检查灌浆质量。

（4）采用灌浆料拌和物制作的 40 mm×40 mm×160 mm 试件不应少于 1 组。

（5）接头试件及灌浆料试件应在标准养护条件下养护 28 d。

（6）每个接头试件的抗拉强度、屈服强度应符合规范中的相关规定。

（7）接头试件在量测残余变形后可再进行抗拉强度试验，并应按现行行业标准《钢筋机械连接技术规程》（JGJ 107—2016）规定的钢筋机械连接型式检验单向拉伸加载制度进行试验。

（8）第一次工艺检验中 1 个试件抗拉强度或 3 个试件的残余变形平均值不合格时，可再抽取 3 个试件进行复检，复检仍不合格时判为工艺检验不合格。

（9）工艺检验应由专业检测机构进行，并应按规定的格式出具检验报告。

灌浆套筒进厂（场）时，应抽取灌浆套筒并采用与之匹配的灌浆料制作对中连接接头试件，并进行抗拉强度检验，检验结果均应符合规范的有关规定。检查数量：同一批号、同一类型、同一规格的灌浆套筒，不超过 1 000 个为一批，每批随机抽取 3 个灌浆套筒制作对中连接接头试件。检验方法：检查质量证明文件和抽样检验报告。要注意的是，抗拉强度检验接头试件应模拟施工条件并按施工方案制作。接头试件应在标准养护条件下养护 28 d。接头试件的抗拉强度试验应采用零到破坏或零到连接钢筋抗拉荷载标准值 1.15 倍的一次加载制度，并应符合现行行业标准《钢筋机械连接技术规程》（JGJ 107—2016）的有关规定。

预制混凝土构件进场验收应按现行国家标准《混凝土结构工程施

工质量验收规范》(GB 50204—2015)的有关规定进行。

灌浆施工中,灌浆料的 28 d 抗压强度应符合规范的有关规定。用于检验抗压强度的灌浆料试件应在施工现场制作。检查数量:每工作班取样不得少于 1 次,每楼层取样不得少于 3 次。每次抽取 1 组 40 mm × 40 mm × 160 mm 的试件,标准养护 28 d 后进行抗压强度试验。检验方法:检查灌浆施工记录及抗压强度试验报告。

灌浆应密实饱满,所有出浆口均应出浆。检查数量:全数检查。检验方法:观察,检查灌浆施工记录。

当施工过程中灌浆料抗压强度、灌浆质量不符合要求时,应由施工单位提出技术处理方案,经监理、设计单位认可后进行处理。经处理后的部位应重新验收。检查数量:全数检查。检验方法:检查处理记录。

五、其他标准的相关要求

(一)钢筋套筒灌浆连接接头试件型式检验报告

钢筋套筒灌浆连接接头试件型式检验报告见表 3-8 ~ 表 3-10。

表 3-8　全灌浆套筒连接基本参数

接头名称		送检日期	
送检单位		试件制作地点/日期	
接头试件基本参数	连接件示意图(可附页)	钢筋牌号	
		钢筋公称直径(mm)	
		灌浆套筒品牌、型号	
		灌浆套筒材料	
		灌浆料品牌、型号	
灌浆套筒设计尺寸(mm)			
长度(mm)	外径(mm)	钢筋插入深度(短端)(mm)	钢筋插入深度(长端)(mm)
接头试件实测尺寸			

续表 3-8

试件 编号	灌浆套筒外径 （mm）	灌浆套筒长度 （mm）	钢筋插入深度（mm）		钢筋 对中/偏置
			短端	长端	
NO.1					偏置
NO.2					偏置
NO.3					偏置
NO.4					对中
NO.5					对中
NO.6					对中
NO.7					对中
NO.8					对中
NO.9					对中
NO.10					对中
NO.11					对中
NO.12					对中

灌浆料性能

每 10 kg 灌浆料加 水量(kg)	试件抗压强度量测值（N/mm^2）							合格指标 （N/mm^2）
	1	2	3	4	5	6	取值	
评定结论								

注：1. 接头试件实测尺寸、灌浆料性能由检验单位负责检验与填写，其他信息应由送检单位如实申报。

2. 接头试件实测尺寸中外径量测任意两个断面。

表 3-9 半灌浆套筒连接基本参数

接头名称		送检日期	
送检单位		试件制作地点/日期	
接头试件基本参数	连接件示意图（可附页）	钢筋牌号	
		钢筋公称直径（mm）	
		灌浆套筒品牌、型号	
		灌浆套筒材料	
		灌浆料品牌、型号	

灌浆套筒设计参数（mm）			
长度（mm）	外径（mm）	灌浆端钢筋插入深度（mm）	机械连接端类型
机械连接端基本参数			

接头试件实测尺寸			
试件编号	灌浆套筒外径（mm）	灌浆套筒长度（mm）	灌浆端钢筋插入深度（mm）	钢筋对中/偏置
NO.1				偏置
NO.2				偏置
NO.3				偏置
NO.4				对中
NO.5				对中

续表 3-9

试件编号	灌浆套筒 外径(mm)	灌浆套筒长度 (mm)	灌浆端钢筋插入 深度(mm)	钢筋 对中/偏置
NO. 6				对中
NO. 7				对中
NO. 8				对中
NO. 9				对中
NO. 10				对中
NO. 11				对中
NO. 12				对中

灌浆料性能

每 10 kg 灌 浆料加水 量(kg)	试件抗压强度量测值(N/mm²)							合格指标 (N/mm²)
	1	2	3	4	5	6	取值	
评定结论								

注:1. 接头试件实测尺寸、灌浆料性能由检验单位负责检验与填写,其他信息应由送检单
　　　位如实申报。
　　2. 机械连接端类型按直螺纹、锥螺纹、挤压三类填写。
　　3. 机械连接端基本参数:直螺纹为螺纹螺距、螺纹牙型角、螺纹公称直径和安装扭矩,
　　　锥螺纹为螺纹螺距、螺纹牙型角、螺纹锥度和安装扭矩,挤压为压痕道次与压痕总宽
　　　度。
　　4. 接头试件实测尺寸中外径量测任意两个断面。

表 3-10 **钢筋套筒灌浆连接接头试件型式试验结果报告**

接头名称				送检日期			
送检单位				钢筋牌号与公称直径(mm)			
钢筋母材试验结果		试件编号	NO.1	NO.2	NO.3		要求指标
		屈服强度(N/mm²)					
		抗拉强度(N/mm²)					
试验结果	偏置单向拉伸	试件编号	NO.1	NO.2	NO.3		要求指标
		屈服强度(N/mm²)					
		抗拉强度(N/mm²)					
		破坏形式					钢筋拉断
	对中单向拉伸	试件编号	NO.4	NO.5	NO.6		要求指标
		屈服强度(N/mm²)					
		抗拉强度(N/mm²)					
		残余变形(mm)					
		最大力总伸长率(%)					
		破坏形式					钢筋拉断
	高应力反复拉压	试件编号	NO.7	NO.8	NO.9		要求指标
		抗拉强度(N/mm²)					
		残余变形(mm)					
		破坏形式					钢筋拉断
	大变形反复拉压	试件编号	NO.10	NO.11	NO.12		要求指标
		抗拉强度(N/mm²)					
		残余变形(mm)					
		破坏形式					钢筋拉断
评定结论							
检验单位				试验日期			
试验员				试件制作监督人			
校核				负责人			

注:试件制作监督人应为检验单位人员。

（二）钢筋套筒灌浆连接接头试件工艺检验报告

钢筋套筒灌浆连接接头试件工艺检验报告见表3-11。

表3-11　钢筋套筒灌浆连接接头试件工艺检验报告

接头名称				送检日期			
送检单位				试件制作地点			
钢筋生产企业				钢筋编号			
钢筋公称直径(mm)				灌浆套筒类型			
灌浆套筒品牌、型号				灌浆料品牌、型号			
灌浆施工人及所属单位							
对中单向拉伸试验结果	试件编号	NO.1	NO.2	NO.3	要求指标		
	屈服强度(N/mm^2)						
	抗拉强度(N/mm^2)						
	残余变形(mm)						
	最大力下总伸长率(%)						
	破坏形式				钢筋拉断		
灌浆料抗压强度试验结果	试件抗压强度量测值(N/mm^2)						28 d合格指标(N/mm^2)
	1	2	3	4	5	6	取值
评定结论							
检验单位							
试验员				校核			
负责人				试验日期			

注:对中单向拉伸试验结果、灌浆料抗压强度试验结果、评定结论由检验单位负责检验与填写,其他信息应由送检单位如实申报。

第三节 钢筋连接用灌浆套筒

一、术语和定义

（1）钢筋连接用灌浆套筒是指通过水泥基灌浆料的传力作用将钢筋对接连接所用的金属套筒，通常采用铸造工艺或者机械加工工艺制造。

（2）全灌浆套筒是指接头两端均采用灌浆方式连接钢筋的灌浆套筒。

（3）半灌浆套筒是指接头一端采用灌浆方式连接，另一端采用非灌浆方式连接钢筋的灌浆套筒，通常另一端采用螺纹连接。

（4）直接滚轧直螺纹灌浆套筒是指接头非灌浆连接端采用直接滚轧直螺纹方式连接钢筋的半灌浆套筒。

（5）剥肋滚轧直螺纹灌浆套筒是指接头非灌浆连接端采用剥肋滚轧直螺纹方式连接钢筋的半灌浆套筒。

（6）镦粗直螺纹灌浆套筒是指接头非灌浆连接端采用镦粗直螺纹方式连接钢筋的半灌浆套筒。

（7）灌浆孔是指用于加注水泥基灌浆料的入料口，通常为光孔或螺纹孔。

（8）排浆孔用于加注水泥灌浆料时通气并将注满后的多余灌浆料溢出的排料口，通常为光孔或螺纹孔。

二、分类和型号

（一）分类

（1）灌浆套筒按加工方式分为铸造灌浆套筒和机械加工灌浆套筒。

（2）灌浆套筒按结构形式分为全灌浆套筒和半灌浆套筒，如图3-5所示。

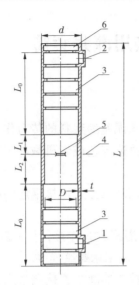 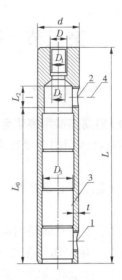

1—灌浆孔;2—排浆孔;3—剪力槽;4—强度验算用截面;5—钢筋限位挡块;6—安装密封垫的结构;

D—内螺纹的公称直径;D_1—内螺纹的基本小径;D_2—半灌浆套筒螺纹端与灌浆端连接处的通孔直径;

D_3—灌浆套筒锚固段环形突起部分的内径;L—灌浆套筒总长;L_0—锚固长度;

L_1—预制端预留钢筋安装调整长度;L_2—现场装配端预留钢筋安装调整长度;

t—灌浆套筒壁厚;d—灌浆套筒外径

图 3-5　全灌浆套筒与半灌浆套筒

（注:D_3 不包括灌浆孔、排浆孔外侧因导向、定位等其他

目的而设置的比锚固段环形突起内径偏小的尺寸,D_3 可以为非等截面）

(二)型号

灌浆套筒型号由名称代号、分类代号、主参数代号和产品更新变型代号组成。灌浆套筒主参数为被连接钢筋的强度级别和直径。例如:

(1)连接标准屈服强度为 400 MPa、直径 40 mm 的钢筋,采用铸造加工的全灌浆套筒表示为:GTZQ440。

(2)连接标准屈服强度为 500 MPa 的钢筋,灌浆端连接直径 36 mm 的钢筋,非灌浆端连接直径 32 mm 的钢筋,采用机械加工方式加工的剥肋滚轧直螺纹灌浆套筒的第一次变型表示为:GTJB5 36/32A。

三、要求

(一)一般规定

(1)灌浆套筒生产应符合产品设计要求。

(2)全灌浆套筒的中部、半灌浆套筒的排浆孔位置计入最大负公差后的屈服承载力和抗拉承载力的设计应符合《钢筋机械连接技术规程》(JGJ 107—2016)的规定。

(3)灌浆套筒长度应根据试验确定,且灌浆连接端长度不宜小于8倍的钢筋直径,灌浆套筒中间轴向定位点两侧应预留钢筋安装调整长度,预制端不应小于 10 mm,现场装配端不应小于 20 mm。

(4)剪力槽的数量应符合表 3-12 的规定,剪力槽两侧凸台轴向厚度不应小于 2 mm。

表3-12　剪力槽数量

连接钢筋直径(mm)	12～20	22～32	36～40
剪力槽数量(个)	≥3	≥4	≥5

(5)机械加工灌浆套筒的壁厚不应小于 3 mm,铸造灌浆套筒的壁厚不应小于 4 mm。

(6)半灌浆套筒螺纹端与灌浆端连接处的通孔直径设计不宜过大,螺纹小径与通孔直径差不应小于 2 mm,通孔的长度不应小于 3 mm。

(二)材料性能

(1)铸造灌浆套筒宜选用球墨铸铁,机械加工灌浆套筒宜选用优质碳素结构钢、低合金高强度结构钢、合金结构钢或其他经过接头型式检验确定符合要求的材料。

(2)采用球墨铸铁制造的灌浆套筒,材料应符合《球墨铸铁件》(GB/T 1348—2009)的规定,其材料性能尚应符合表 3-13 的规定。

表 3-13　球墨铸铁灌浆套筒的材料性能

项目	性能指标
抗拉强度（MPa）	≥550
断后伸长率（%）	≥5
球化率（%）	≥85
硬度 HBW	180～250

（3）采用优质碳素结构钢、低合金高强度结构钢、合金结构钢加工的灌浆套筒，其材料的机械性能应符合《优质碳素结构钢》（GB/T 699—2015）、《低合金高强度结构钢》（GB/T 1591—2008）、《合金结构钢》（GB/T 3077—2015）、《结构用无缝钢管》（GB/T 8162—2008）的规定，同时尚应符合表 3-14 的规定。

表 3-14　各类钢灌浆套筒的材料性能

项目	性能指标
屈服强度（MPa）	≥355
抗拉强度（MPa）	≥600
断后伸长率（%）	≥16

（三）尺寸偏差

灌浆套筒的尺寸偏差应符合表 3-15 的规定。

表 3-15　灌浆套筒的尺寸偏差

序号	项目	灌浆套筒尺寸偏差					
		铸造灌浆套筒			机械加工灌浆套筒		
1	钢筋直径（mm）	12～20	22～32	36～40	12～20	22～32	36～40
2	外径允许偏差（mm）	±0.8	±1.0	±1.5	±0.6	±0.8	±0.8
3	壁厚允许偏差（mm）	±0.8	±1.0	±1.2	±0.5	±0.6	±0.8
4	长度允许偏差（mm）	±0.01×L			±2.0		

续表 3-15

序号	项目	灌浆套筒尺寸偏差	
		铸造灌浆套筒	机械加工灌浆套筒
5	锚固段环形突起部分的内径允许偏差（mm）	±1.5	±1.0
6	锚固段环形突起部分的内径最小尺寸与钢筋公称直径差值（mm）	≥10	≥10
7	直螺纹精度	—	《普通螺纹公差》（GB/T 197—2018）中 6H 级

（四）外观要求

（1）铸造灌浆套筒内、外表面不应有影响使用性能的夹渣、冷隔、砂眼、缩孔、裂纹等质量缺陷。

（2）机械加工灌浆套筒表面不应有裂纹或影响接头性能的其他缺陷，端面和外表面的变棱处应无尖棱、毛刺。

（3）灌浆套筒外表面标识应清晰。

（4）灌浆套筒表面不应有锈皮。

（五）力学性能

灌浆套筒应与灌浆料匹配使用，采用灌浆套筒连接钢筋接头的抗拉强度应符合《钢筋机械连接技术规程》（JGJ 107—2016）中Ⅰ级接头的规定。

四、试验方法

（一）材料性能

1. 力学性能

主要检验材料的屈服强度、抗拉强度和断后伸长率。

1）取样

铸造灌浆套筒的材料性能采用单铸试块的方式取样,机械加工灌浆套筒的材料性能通过原材料的方式取样。

2）试样制作

铸造材料试样采用单铸试块的方式进行,试样的制作应符合《球墨铸铁件》(GB/T 1348—2009)的规定。圆钢或钢管的取样和制备应符合《钢及钢产品力学性能试验取样位置及试样制备》(GB/T 2975—1998)的规定。

3）试验方法

应符合《金属材料 拉伸试验 第1部分:室温试验方法》(GB/T 228.1—2010)的规定。

2.球化率

1）取样

采用本体试样,从灌浆套筒的中间位置取样,灌浆套筒尺寸较小时,也可采用单铸试块的方式取样。

2）试样制作

试样的制作应符合《金属显微组织检验方法》(GB/T 13298—2015)的规定。

3）试验方法

应符合《球墨铸铁金相检验》(GB/T 9441—2009)的规定,以球化分级图中80%和90%的标准图片为依据,球化形态居两者中间状态以上为合格。

3.硬度

1）取样

采用本体试样,从灌浆套筒中间位置截取约15 mm高的环形试样,灌浆套筒壁厚较小时,也可采用单铸试块的方式取样。

2）试样制作

试样的制作应符合《金属材料 布氏硬度试验 第1部分:试验方

法》(GB/T 231.1—2009)的规定。

3)试验方法

采用直径为 2.5 mm 的硬质合金球,试验力为 1.839 kN,取 3 点,试验方法应符合《金属材料 布氏硬度试验 第 1 部分:试验方法》(GB/T 231.1—2009)的规定。

(二)尺寸偏差

(1)外径、壁厚、长度、凸起内径采用游标卡尺或专用量具检验,卡尺精度不应低于 0.02 mm;灌浆套筒外径应在同一截面相互垂直的两个方向测量,取其平均值;壁厚的测量可在同一截面相互垂直两方向测量套筒内径,取其平均值,通过外径、内径尺寸计算出壁厚。

(2)直螺纹中径使用螺纹塞规检验,螺纹小径可用卡规或游标卡尺测量。

(3)灌浆连接段凹槽大孔内卡规检验,卡规精度不应低于 0.02 mm。

(三)外观

外观检查采用目测方式。

(四)力学性能

灌浆套筒的力学性能试验通过灌浆套筒和匹配灌浆料连接的钢筋接头试验进行,接头抗拉强度的试验方法应符合《钢筋机械连接技术规程》(JGJ 107—2016)的规定。

五、检验规则

(一)出厂检验

1.组批规则

材料性能检验应以同钢号、同规格、同炉(批)号的材料作为一个验收批。

尺寸偏差和外观应以连续生产的同原料、同炉(批)号、同类型、同规格的 1 000 个灌浆套筒为一个验收批,不足 1 000 个灌浆套筒时仍可作为一个验收批。

2. 取样数量及方法

材料性能试验每批随机抽取 2 个。尺寸偏差及外观检验每批随机抽取 10%，连续 10 个验收批一次性检验均合格时，尺寸偏差及外观检验的取样数量可由 10% 降低为 5%。

3. 判定规则

在材料性能检验中，若 2 个试样均合格，则该批灌浆套筒材料性能定为合格；若有 1 个试样不合格，则需另外加倍抽样复检，复检全部合格时，则仍可判定该批灌浆套筒材料性能为合格；若复检中仍有 1 个试样不合格，则该批灌浆套筒材料性能判定为不合格。

在尺寸偏差及外观检验中，若灌浆套筒试样合格率不低于 97% 时，该批灌浆套筒判定为合格；当灌浆套筒试样合格率低于 97% 时，应另外抽双倍数量的灌浆套筒试样进行检验，当合格率不低于 97% 时，则该批灌浆套筒仍可判定为合格；若仍低于 97%，则该批灌浆套筒应逐个检验，合格者方可出厂。

(二)型式检验

1. 检验条件

有下列情况之一时，应进行型式检验：

(1)灌浆套筒产品定型时。

(2)灌浆套筒材料、工艺、规格进行改动时。

(3)型式检验报告超过 4 年时。

2. 取样数量和取样方法

材料性能试验从同钢号、同规格、同炉(批)号的材料中抽取，取样数量为 2 个；尺寸偏差和外观应以连续生产的同原材料、同炉(批)号、同规格的套筒中抽取，取样数量为 3 个；抗拉强度试验的灌浆接头取样数量为 3 个。

当所有检验项目合格时才可判定为合格。

六、标识、包装、运输和储存

(一)标识

灌浆套筒表面应刻印清晰、持久性标识;标识至少应包括厂家代号、型号及可追溯材料性能的生产批号等信息。灌浆套筒包装箱上应有明显的产品标志,标志内容包括产品名称,执行标准,灌浆套筒型号,数量,重量,生产批号,生产日期,企业名称、通信录地址和联系方式等。

(二)包装

(1)灌浆套筒包装应符合《一般货物运输包装通用技术条件》(GB/T 9174—2008)的规定。灌浆套筒应用纸箱、塑料编织袋或木箱按规格、批号包装,不同规格、批号的灌浆套筒不得混装。通常情况下,采用纸箱包装,纸箱强度应保证运输要求,箱外应用足够强度的包装带捆扎牢固。

(2)灌浆套筒出厂时应附有产品合格证。产品合格证如表3-16所示,内容应包括:

①产品名称。

②灌浆套筒型号。

③生产批号。

④材料牌号。

⑤数量。

⑥检验结论。

⑦检验合格签章。

⑧企业名称、通信地址和联系方式等。

(3)有较高防潮要求时,应用防潮纸将灌浆套筒逐个包裹后,装入木箱内。

(三)运输和储存

(1)灌浆套筒在运输过程中应有防水、防雨措施。

(2)灌浆套筒应储存在具有防水、防雨、防潮的环境中,并按规格型号分别码放。

表 3-16　钢筋连接用灌浆套筒产品合格证

合格证编号：

产品名称:赶紧连接用灌浆套筒			出厂日期：	
明细				
灌浆套筒型号	生产批号	材料牌号	数量	备注
执行标准	行业标准:《钢筋连接用灌浆套筒》(JG/T 398—2012)			
检验结论	经检验,各项检测项目均符合上述执行标准的要求,判定为合格。 　　　　　检验员:			
邮政编码 通信地址				
联系电话、传真	电话:　　　　　　　　　　传真:			

企业名称

（盖章有效）

第四节　钢筋连接用套筒灌浆料

一、术语和定义

（1）钢筋连接用套筒灌浆料是指以水泥为基本材料，配以细骨料，以及混凝土外加剂和其他材料组成的干混料，加水搅拌后具有良好的流动性、早强、高强、微膨胀等性能，填充于套筒和带肋钢筋间隙内的干粉料，简称套筒灌浆料。

（2）钢筋连接用灌浆套筒指通常采用铸造工艺或机械加工工艺制造，通过水泥基灌浆料的传力作用将钢筋对接连接所用的金属套筒，简称灌浆套筒。

二、材料

（一）水泥

硅酸盐水泥、普通硅酸盐水泥应符合《通用硅酸盐水泥》（GB 175—2007）的规定，硫铝酸盐水泥应符合《硫铝酸盐水泥》（GB 20472—2006）的规定。

（二）细骨料

细骨料天然砂或人工砂应符合《建设用砂》（GB/T 14684—2011）的规定，最大粒径不宜超过 2.36 mm。

（三）混凝土外加剂

混凝土外加剂应符合《混凝土外加剂》（GB 8076—2008）和《混凝土膨胀剂》（GB 23439—2017）的规定。

（四）其他材料

设计配方规定的其他材料均应符合现行相关国家标准的规定。

三、要求

（一）一般规定

（1）套筒灌浆料应与灌浆套筒匹配使用，钢筋套筒灌浆连接接头应符合《钢筋机械连接技术规程》(JGJ 107—2016)中Ⅰ级的规定。

(2)套筒灌浆料应按产品设计(说明书)要求的用水量进行配制。拌和用水应符合《混凝土用水标准(附条文说明)》(JGJ 63—2006)的规定。

(3)套筒灌浆料使用温度不宜低于 5 ℃。

(二)性能要求

套筒灌浆料的性能应符合表 3-17 的规定。

表 3-17　套筒灌浆料性能要求

检测项目		性能指标
流动度(mm)	初始	≥300
	30 min	≥260
抗压强度(MPa)	1 d	≥35
	3 d	≥60
	28 d	≥85
竖向膨胀率(%)	3 h	≥0.02
	24 h 与 3 h 差值	0.02 ~ 0.5
氯离子含量(%)		≤0.03
泌水率(%)		0

四、试验方法

(一)一般规定

(1)试件成型时的实验室的温度应为(20 ± 2)℃,相对湿度应大于 50%;养护室的温度应为(20 ± 1)℃,相对湿度应大于 90%;养护水的温度应为(20 ± 1)℃。

(2)成型时,水泥基灌浆材料和拌和水的温度应与实验室的环境温度一致。

(二)流动度

流动度试验见附录 A。

（三）抗压强度

抗压强度试验见附录 B。

（四）竖向膨胀率

竖向膨胀率试验见附录 C。

（五）氯离子含量

氯离子含量试验按《混凝土外加剂匀质性试验方法》（GB/T 8077—2012）的规定进行。

（六）泌水率

泌水率试验按《普通混凝土拌合物性能试验方法标准》（GB/T 50080—2016）的规定进行。

五、检验规则

（一）出厂检验

产品出厂时应进行出厂检验，出厂检验项目应包括初始流动度，30 min 流动度，1 d、3 d、28 d 抗压强度，3 h 竖向膨胀率，竖向膨胀率 24 h 与 3 h 的差值，泌水率。

（二）型式检验项目

有下列情况之一时，应进行型式检验：

（1）新产品的定型鉴定。

（2）正式生产后如材料及工艺有较大变动，有可能影响产品质量时。

（3）停产半年以上恢复生产时。

（4）型式检验超过两年时。

（三）组批规则

（1）在 15 d 内生产的同配方、同批号原材料的产品应以 50 t 作为一生产批号，不足 50 t 也应作为一生产批号。

（2）取样方法按《水泥取样方法》（GB 12573—2008）的有关规定进行。

（3）取样应有代表性，可从多个部位取等量样品，样品总量不应少于 30 kg。

(四)判定规则

出厂检验和型式检验若有一项指标不符合要求,应从同一批次产品中重新取样,对不合格项加倍复试。复试合格判定为合格品,复试不合格判定为不合格品。

六、交货与验收

(1)交货时生产厂家应提供产品合格证、使用说明书和产品质量检测报告。

(2)交货时产品的质量验收可抽取实物试样,以其检验结果为依据;也可以产品同批号的检验报告为依据。采用何种方法验收由买卖双方商定,并在合同或协议中注明。

(3)以抽取实物试样的检验结果为验收依据时,买卖双方应在发货前或交货地共同取样和封存。取样方法按《水泥取样方法》(GB 12573—2008)的规定进行,样品均分为两等份。一份由卖方保存40 d,一份由买方按本标准规定的项目和方法进行检验。在 40 d 内,买方检验认为质量不符合本标准要求,而卖方有异议时,双方应将卖方保存的另一份试样送双方认可的有资质的第三方检测机构进行检验。

(4)以同批号产品的检验报告为验收依据时,在发货前或交货时买卖双方在同批号产品中抽取试样,双方共同签封后保存 2 个月,在 2 个月内,买方对产品质量有疑问时,则买卖双方应将签封的试样送双方认可的有资质的第三方检测机构进行检验。

七、包装、标识、运输和储存

(一)包装

套筒灌浆料应采用防潮袋(筒)包装。每袋(筒)净含量宜为 25 kg 或 50 kg,且不应小于标志质量的 99%。随机抽取 40 袋(筒)25 kg 包装或 20 袋(筒)50 kg 包装的产品,其总净含量不应少于 1 000 kg。

(二)标识

包装袋(筒)上应标明产品名称、净重量、使用说明、生产厂家(包括单位地址、电话)、生产批号、生产日期、保质期等内容。

(三)运输和储存

产品运输和储存时不应受潮和混入杂物。产品应储存于通风、干燥、阴凉处,运输过程中应注意避免阳光长时间照射。

复习训练题

1. 钢筋套筒灌浆连接施工流程为(　　　　)。

A. 预制构件在工厂完成套筒与钢筋的连接、套筒在模板上的安装固定和进出浆管道与套筒的连接,在建筑施工现场完成构件安装、灌浆腔密封、灌浆料加水拌和及套筒灌浆

B. 预制构件在工厂完成套筒在模板上的安装固定、套筒与钢筋的连接和进出浆管道与套筒的连接,在建筑施工现场完成构件安装、灌浆腔密封

C. 预制构件在工厂完成套筒在模板上的安装固定、套筒与钢筋的连接和进出浆管道与套筒的连接,在预制构件工厂完成构件安装、灌浆腔密封

D. 预制构件在工厂完成套筒与钢筋的连接、套筒在模板上的安装固定和进出浆管道与套筒的连接,在预制构件工厂完成构件安装、灌浆腔密封、灌浆料加水拌和及套筒灌浆

2. 套筒灌浆连接的钢筋直径不宜小于(　　)且不宜大于(　　)。

A. 14 mm　　　38 mm　　　　　　　B. 12 mm　　　38 mm

C. 12 mm　　　40 mm　　　　　　　D. 10 mm　　　38 mm

3. 灌浆料抗压强度试件尺寸应按(　　)尺寸制作。

A. 150 mm×150 mm×150 mm　　　B. 40 mm×40 mm×160 mm

C. 40 mm×40 mm×60 mm　　　　　D. 40 mm×40 mm×100 mm

4. 套筒灌浆施工后,灌浆料同条件养护试件的抗压强度达到(　　)后,方可进行对接头有扰动的后续施工。

A. 55 MPa　　　B. 45 MPa　　　C. 25 MPa　　　D. 35 MPa

5. 灌浆套筒用于钢筋锚固的深度不宜小于插入钢筋公称直径的

(　　)倍。

　　A. 6 倍　　　　　　B. 8 倍　　　　　　C. 10 倍　　　　　　D. 12 倍

　　6. 套筒灌浆连接接头单向拉伸、高应力反复拉压、大变形反复拉压试验加载过程中,当接头拉力达到连接钢筋抗拉荷载标准值的(　　)倍而未发生破坏时,应判为抗拉强度合格,可停止试验。

　　A. 1. 2 倍　　　　B. 1. 25 倍　　　　C. 1. 5 倍　　　　D. 1. 15 倍

　　7. 灌浆施工时,环境温度应符合灌浆料产品使用说明书的要求;环境温度低于(　　)时不宜施工,低于(　　)时不得施工。

　　A. 5 ℃　0 ℃　　B. 0 ℃　5 ℃　　C. 3 ℃　0 ℃　　D. 0 ℃　3 ℃

　　8. 当环境温度高于(　　)时,应采取降低灌浆料拌和物温度的措施。

　　A. 28 ℃　　　　　　B. 35 ℃　　　　　　C. 30 ℃　　　　　　D. 40 ℃

　　9. 灌浆料宜在加水后(　　)内用完。

　　A. 25 min　　　　　B. 30 min　　　　　C. 45 min　　　　　D. 60 min

　　10. 浆料拌和物应采用电动设备搅拌充分、均匀,并宜静置(　　)后使用。

　　A. 5 min　　　　　　B. 4 min　　　　　　C. 3 min　　　　　　D. 2 min

第二部分　操作实践

第四章 灌浆工施工用设备及辅件

第一节 灌浆设备

一、灌浆工施工灌浆用设备

灌浆设备可分为电动灌浆设备与手动灌浆设备,电动灌浆设备通常使用在通过水平缝连通腔对多个接头的灌浆。手动灌浆设备适用于单仓套筒灌浆、制作灌浆接头,以及水平缝连通腔不超过 30 cm 的少量接头灌浆、补浆施工。

(一)电动灌浆设备

电动灌浆设备如表4-1 所示。

表4-1 电动灌浆设备

产品类型	GJB 型灌浆泵	螺杆灌浆泵
工作原理	泵管挤压式	螺杆挤压式
产品示意图		
优缺点及注意事项	流量稳定,快慢速度可调,适合泵送不同黏度的灌浆料。故障率低,泵送可靠,可设定泵送极限压力。使用后需要认真清洗,防止浆料固结堵塞设备	适用低黏度、骨料较粗的灌浆料灌浆。体积小,重量轻,便于挪动。螺旋泵胶套寿命有限,骨料对其磨损较大,需要更换。扭矩偏低,泵送力量不足且不易清洗

(二)手动灌浆设备

手动灌浆设备如图4-1所示。

(a) 推压式灌浆枪　　　　　(b) 按压式灌浆枪

图4-1　单仓灌浆用手动灌浆枪

二、灌浆前准备工作用设备及工具

(一)灌浆料称量拌和工具

灌浆料称量拌和工具如表4-2所示。

表4-2　灌浆料称量拌和工具

名称	主要参数	用途	图片
电子称	称量程:30～50 kg 感量精度:0.01 kg	精确称量 干料及水	
刻度杯	刻度杯:2 L、5 L	精确测量水	

续表4-2

名称	主要参数	用途	图片
平底金属桶（最好是不锈钢材质）	$\Phi300 \times H400$, 30 L	灌浆料搅拌容器	
电动搅拌机	功率：1 200 ~ 1 400 W 转速：0 ~ 800 r/mm 可调 电压：单相 220 V/50 H 搅拌头：片状或圆形花栏式	灌浆料拌和工具	

（二）检测工具

检测工具如表 4-3 所示。

（三）灌浆连通腔分仓、周圈封堵用工具

（1）密封带：用剪力墙靠 EPS 保温板的一侧（外侧）封堵；密封带有一定的厚度，压扁到接缝高度（一般 2 cm）后还有一定的强度且不吸水，如图 4-2 所示。

（2）封缝料（坐浆料）：灌浆之前的各层预制构件和楼面的水平封堵。

（3）PVC 管：分仓时两侧的内衬模板。

（4）软管：构件外沿接缝封缝的内衬材料。

（5）抹子：封缝。

使用方法如图 4-3 所示。

表 4-3　检测工具

检测项目	工具名称	规格参数	照片
流动度检测	圆截锥试模	上口 × 下口 × 高 $\Phi70$ mm × $\Phi100$ mm × 60 mm	
	钢化玻璃板	长 × 宽 × 厚 500 mm × 500 mm × 6 mm	
抗压强度检测	试块试模	长 × 宽 × 高 40 mm × 40 mm × 160 mm	
施工环境及材料的温度检测	温度计	—	

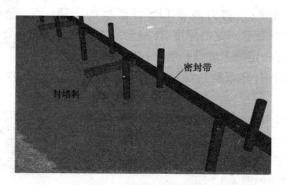

图 4-2　构件外侧封堵

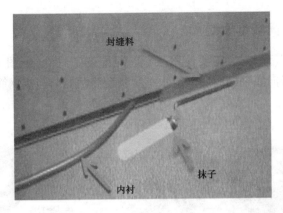

封缝料

内衬

抹子

图4-3 灌浆封堵示意

第二节 灌浆套筒用密封材料

一、单灌浆套筒用密封件

单灌浆套筒用密封件用于竖向预制构件下部灌浆套筒独立灌浆时,可实现构件底部密封套筒下端口与连接钢筋的缝隙的密封,也可将水平缝坐浆或灌浆料与套筒内灌浆腔隔离,如图4-4所示。

图4-4 套筒独立灌浆端部密封用材料

二、套筒端部密封圈

套筒端部密封时需要使用与套筒匹配的密封件（见图4-5），防止灌浆料从竖向灌浆套筒底部或水平灌浆套筒两侧与连接钢筋的间隙处漏出。

墙部密封圈

图4-5　套筒端部密封圈

三、灌浆出浆管专用堵头

灌浆出浆管专用堵头（见图4-6）是密封硬质灌浆管、出浆管专用密封件，主要用于灌浆套筒 PVC 硬质管材的端口密封。

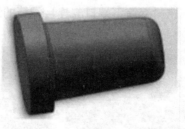

图4-6　套筒出浆管专用堵头

复习训练题

1.接头灌浆料的制备需要配备搅拌设备和灌浆设备，下列关于搅拌机和灌浆泵的说法正确的是（　　）。

A. 为提高工作效率,搅拌机和电机的转速越快越好

B. 灌浆泵输出压力越高,越有利于灌浆

C. 各种结构形式的灌浆泵使用后均需要认真清洗,防止灌浆料硬化堵塞管路

D. 在现场,高速手枪钻可替代搅拌机进行灌浆料搅拌

2. 灌浆料抗压强度检测时,试块尺寸为( )。

A. 40 mm×40 mm×160 mm　　　B. 50 mm×50 mm×50 mm

C. 70.7 mm×70.7 mm×70.7 mm　D. 100 mm×100 mm×100 mm

3. 灌浆施工中,需要检验灌浆料的 28 d 抗压强度是否符合《钢筋套筒灌浆连接应用技术规程》(JGJ 355—2015)的有关规定。用于检验抗压强度的灌浆料试件应在( )。

A. 实验室制作、实验室条件标准养护

B. 实验室制作、施工现场同条件养护

C. 施工现场制作、实验室条件标准养护

D. 施工现场制作、施工现场同条件养护

4. 关于钢筋连接用灌浆套筒,下列说法正确的是( )。

A. 全灌浆套筒只适用于竖向钢筋连接

B. 半灌浆套筒只适用于竖向钢筋连接

C. 半灌浆套筒均为钢制机加工所制

D. 机加工灌浆套筒与铸造灌浆套筒所要求的材质性能指标相同

5. 《钢筋套筒灌浆连接应用技术规程》(JGJ 355—2015)要求:灌浆施工的验收,包括灌浆料抗压强度检验、接头灌浆饱满度检验和质检部门的现场灌浆接头强度检验。用于检验抗压强度的灌浆料试件应在施工现场制作,灌浆料的检查数量:每一个工作班组取样不得少于 1 次,每楼每层取样不得少于( )次。

A. 1　　　　　B. 2　　　　　C. 3　　　　　D. 4

第五章　套筒灌浆施工

第一节　竖向构件灌浆连接
工艺及质量要求

一、现场预制构件安装作业工艺流程

现场预制构件安装作业工艺流程如图 5-1 所示。

图 5-1　现场预制构件安装作业工艺流程

二、预制剪力墙墙板灌浆连接施工

（一）连接部位检查处理

检验下方结构伸出的连接钢筋的位置和长度,应符合设计要求:钢筋位置偏差不得大于 ±3 mm,可用钢筋位置定位框检测(见图 5-2);长度偏差在 0～15 mm,钢筋表面干净,无严重锈蚀,无粘贴物。构件水平接缝(灌浆缝)基础面干净、无油污等杂物。

（二）构件吊装固定

在安装基础面放置垫片调平,构件吊装到位。安装时,确认构件预留连接钢筋伸到连接套筒内(底部套筒孔可用镜子观察),然后放下构件,支撑固定后校准构件位置和垂直度(见图 5-3)。

（三）分仓与接缝封堵

采用电动灌浆泵灌浆时,一般单仓长度不超过 1 m。在经过实体

图 5-2　连接钢筋校正示意

图 5-3　构件吊装示意

灌浆试验确定可行后可延长,但不宜超过 3 m,仓体越大,灌浆阻力越大、灌浆压力越大、灌浆时间越长,对封缝的要求越高,灌浆不满的风险越大,参考图如图 5-4 所示。

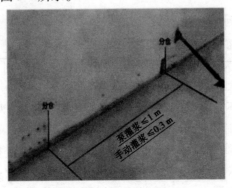

图 5-4　现场分仓现场

采用手动灌浆枪灌浆时,单仓长度不宜超过 0.3 m。

分仓隔墙宽度应不小于 2 cm,为防止遮挡套筒孔口,距离连接钢筋外援应不小于 4 cm,分仓时两侧须内衬模板(通常为便于抽出的 PVC 管),将拌好的封堵料填塞充满模板,保证与上、下构件表面结合密实,然后抽出内衬。分仓后在构件相对应位置做出分仓标记,记录分仓时间,便于指导灌浆,参考图如图 5-4、图 5-5 所示。

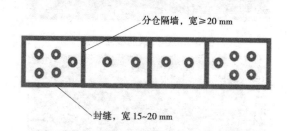

图 5-5　构件分仓与接缝封堵示意

根据构件特性可选择专用封缝料封堵。一定保证封堵严密、牢固可靠;否则压力灌浆时一旦漏浆处理很难。使用专用封缝料(坐浆料)时,要按说明书要求加水搅拌均匀,封堵时,里面加衬(内衬材料是软管或 PVC 管)填抹 1.5 ~ 2 cm 深(确保不堵套筒孔),一般抹完后抽出内衬进行下一段填抹,段与段结合的部位、同一构件或同一仓要保证填抹密实。填抹完毕确认干硬强度达到要求(常温 24 h,约 30 MPa)后再灌浆。

(四)灌浆料制备

严格按照灌浆料产品出厂检验报告要求的水料比(比如 11%,即为 11 g 水 + 100 g 干料)用电子称分别称量灌浆料和水,也可用刻度量杯计量水。

搅拌时间不应小于 5 min,以浆体搅拌均匀无结块为准。为保证浆体获得较好的工作性能,宜先加指定用量的拌和水,再加入 70% ~ 80% 的干粉料,高速搅拌 30 s 后,在搅拌的状态下缓慢投入剩余粉料,待粉料完全投入后,高速搅拌 2 ~ 3 min(单次搅拌量较多时,可适当延长搅拌时间),静置 1 ~ 2 min,期间可以用刮刀将桶壁上未搅拌开的浆料刮入桶中,再慢速搅拌 1 min,停机静置 2～3 min,如图 5-6 所示。待表面气泡消失后,即可进行灌注施工。

(五)灌浆料检验

每班灌浆连接施工前进行灌浆料初始流动度检验,首先润湿玻璃板和截锥圆模内壁,但不得有明水;将截锥圆模放置在玻璃板中间位置;然后将套筒灌浆料浆体倒入截锥圆模内,直至浆体与截锥圆模上口平;徐徐提起截锥圆模,使浆体在无扰动条件下自由流动直至停止;测量浆体最大扩散直径及其垂直方向的直径(见图 5-7),计算平均值,精确到 1 mm,即为套筒灌浆料初始流动值,记录有关参数,流动度合格方可使用。环境温度超过产品使用温度上限时,需做实际可操作时间试验,保证灌浆施工时间在产品可操作时间内完成。

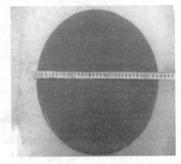

图 5-6 灌浆料搅拌现场　　　图 5-7 套筒灌浆料流动度检测试验现场

根据需要进行现场抗压强度检验。灌浆料抗压强度应符合现行行业标准《钢筋连接用套筒灌浆料》(JG/T 408—2017)的有关规定,且不应低于接头设计要求的灌浆料抗压强度;灌浆料抗压强度试件按批检验,以每层为一个检验批,每工作班应制作 1 组且每层不应小于 3 组 40 mm×40 mm×160 mm 的长方体试件(见图 5-8),制作试件前浆料也需要静置 2～3 min,使浆内气泡自然排出,标准养护 28 d 后进行抗压强度试验。

图 5-8　套筒灌浆料强度试块制作现场

(六)灌浆连接

1. 灌浆孔出浆孔检查

在正式灌浆之前,逐个检查各接头的灌浆孔和出浆孔内有无影响浆料流动的杂物,确保孔路畅通,如图 5-9 所示。

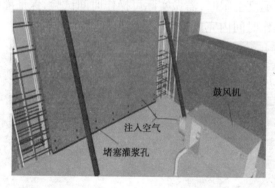

鼓风机

注入空气

堵塞灌浆孔

图 5-9　灌浆出浆孔检查示意图

2. 灌浆

用灌浆泵(枪)从接头下方的灌浆孔处向套筒内压力灌浆。特别注意正常灌浆浆料要在自加水搅拌开始 20~30 min 内灌完,宜尽量保留一定的操作应急时

间。注意同一仓只能在一个灌浆孔灌浆,不能同时选择两个以上孔灌浆;同一仓应连续灌浆,不得中途停顿。如果中途停顿,再次灌浆时,应保证已灌入的浆料有足够的流动性后,还需要将已经封堵的出浆孔打开,待灌浆料再次流出后逐个封堵出浆孔,如图 5-10 所示。

3. 封堵灌浆孔、排浆孔,巡视构件接缝处有无漏浆

接头灌浆时,待接头上方的排浆孔流出浆料后,及时用专用橡胶塞

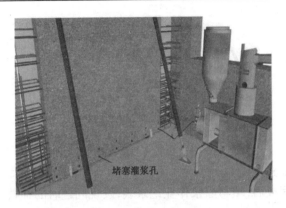

图 5-10　套筒灌浆示意

封堵。灌浆泵（枪）口撤离灌浆孔时，也应立即封堵。通过水平缝连通腔一次向构件的多个接头灌浆时，应按浆料排出先后依次封堵灌浆排浆孔，封堵时灌浆泵（枪）一直保持灌浆压力，直至所有灌、排浆孔出浆并封堵牢固后再停止灌浆。

4. 补浆

如遇需要补浆操作施工，应先行查明漏浆原因，并将漏浆部位进行有效封堵。当灌浆施工出现无法出浆的情况时，在灌浆料加水搅拌 30 min 内时，应首选在注浆口补浆，从注浆口采用机械注浆机进行补浆，同时，需将已封堵橡胶塞全部取下，重新按注浆封堵流程操作；当灌浆料拌和物已无法流动时，可从出浆口补灌，并应采用带橡胶细管接头的手动活塞式注浆器进行补浆，将细管沿出浆口插入至套筒内部，缓慢匀速推动活塞注浆器，使浆体均匀密实填充内部空腔体，待出浆口出浆时，继续推动活塞注浆并将细管缓慢拔出，同时，迅速塞紧橡胶塞。

补灌应在灌浆料拌和物达到设计规定的位置后停止，并应在灌浆料凝固后再次检查其位置是否符合设计要求。

5. 接头充盈度检验

灌浆料凝固后，取下灌浆孔、排浆孔封堵胶塞，检查孔内凝固的灌浆料上表面应高于排浆孔下缘 5 mm 以上，如图 5-11 所示。

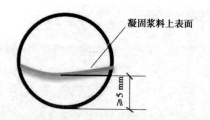

凝固浆料上表面

图5-11　接头充盈度检验示意图

6.灌浆施工记录

灌浆完成后,填写灌浆作业记录表,发现问题时的补救处理也要做相应记录。

7.灌浆节点保护

灌浆后灌浆料同条件试件强度达到35 MPa后方可进入下一道工序施工(扰动),如图5-12所示。

图5-12　构件灌浆后节点保护现场

通常:环境温度在15 ℃以上,24 min 内构件不得受扰动。5 ~ 15 ℃,48 h 内构件不得受到扰动。5 ℃以下,须对构件接头部位加热保持在5 ℃以上至少48 h,期间构件不得受扰动。

三、预制框架柱灌浆连接施工

(一)弹出构件控制线,并对连接钢筋进行位置确认

对柱基层进行浮灰清理,去除钢筋表面的泥浆(柱垛在混凝土浇筑前可采用保鲜膜保护)。对同一层内预制柱弹轮廓线及轴线控制累计误差在±2 mm 内,如图 5-13 所示;采用钢筋定位框对钢筋位置进行确认,如图 5-14 所示。

图 5-13 预制柱现场测量放线　　　图 5-14 连接钢筋定位框

(二)标高调节

预制柱吊装前用水冲洗,使基层构件线清晰;利用水准仪对预制柱底标高进行测设,使用垫片进行标高调节,达到标高要求并使之满足 2 cm 高差且确认构件安装区域内无高度超过 2 cm 的杂物。

(三)预制柱安装

预制柱吊装至插筋上空 300~500 mm 时,人为控制预制柱进行对孔,构件垂直缓慢下降,下方使用镜子观察(见图 5-15),使连接钢筋均插入上方的连接套筒内,支撑固定后校准构件位置和垂直度。

(四)预制柱封缝

(1)使用专用的封浆料,填抹 1.5~2 cm(确保不堵套筒孔),一段抹完后抽出内衬进行下一段填抹,如图 5-16 所示。

(2)当细缝大于 2 cm 时,为确保不爆仓,用密封条密封或缝浆料,再采用木模板支护方式封堵,如图 5-17 所示。

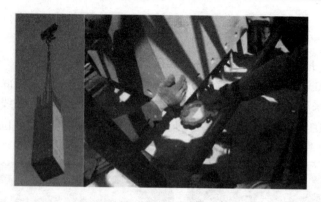

图 5-15　预制柱安装现场

（五）灌浆料制备

灌浆料制备要求同前。

（六）灌浆料检查

灌浆料检查要求同前。

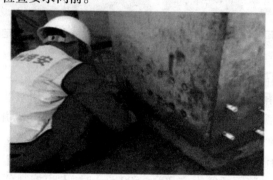

图 5-16　预制柱坐浆料封缝

（七）预制柱灌浆

使用灌浆泵前用水先清洗完灰尘，对导入机器的灌浆料用滤网过滤大颗粒，从接头下方的灌浆孔处向套筒内压力灌浆，同一个仓位要连续灌浆，不得中途停顿，待上方的排孔连续流出浆料后，用专用橡胶塞封堵，按照浆料排出先后顺序，依次进行封堵排、灌浆孔，

图 5-17　预制柱模板封缝

封堵时灌浆泵要一直保持压力,直至所有排灌浆孔出浆并封堵牢固,然后停止灌浆。在浆料初凝前检查灌浆接头,对漏浆处进行及时处理。

(八)灌浆后节点保护

灌浆后节点保护要求同前。

第二节　水平构件灌浆连接工艺及质量要求

一、做标记装套筒

用记号笔做连接钢筋插入深度标记,将套筒全部套入一侧预制梁的连接钢筋上,如图 5-18 所示。

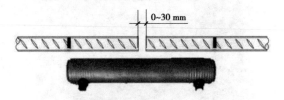

图 5-18　连接钢筋插入套筒长度标记示意

二、构件吊装固定

构件按要求吊装到位后固定,如图 5-19 所示。

图 5-19　构件安装现场

三、套筒就位

吊装后,检查两侧构件伸出的待连接钢筋是否对正,偏差不得超过 ±5 mm;且两对钢筋相距间隙不得大于 30 mm,如偏差超标需要处理。

到达指定位置后,将套筒按标记移至两对钢筋中间。根据操作方便将套筒灌浆排浆接头的孔口旋转到向上 ±45°范围内位置。检查套筒两侧密封圈是否正常。如有破损需要用可靠方式修复(如用硬胶布缠堵),钢筋就位后绑扎箍筋,如图 5-20 所示。

图 5-20　套筒就位现场

四、灌浆料制备

灌浆料制备要求同前。

五、灌浆料检验

灌浆料检验要求同前。

六、灌浆连接

在正式灌浆前,应逐个检查灌浆套筒的灌浆孔和出浆孔内有无影响砂浆流动的杂物,确保孔路畅通;使用灌浆枪从套筒的一个灌浆接头处向套筒内灌浆至浆料从套筒另一端的出浆接头处流出为止,灌后检查两端是否漏浆并及时处理。每一个接头逐一灌浆,见图5-21。

图 5-21　套筒灌浆现场

灌浆料凝固后,检查灌浆口、排浆口处凝固的灌浆料上表面是否高于套筒上缘。灌浆完成后,填写灌浆作业记录表,发现问题的补救处理也要做相应记录。

七、灌浆后节点保护

灌浆后灌浆料同条件试块强度达到 35 MPa 后方可进行下一道工序施工(扰动),如图 5-22 所示。

通常:环境温度在 15 ℃以上,24 h 内构件不得受扰动。5 ~ 15 ℃,

图 5-22　套筒灌浆后节点保护

48 h 内构件不得扰动。5 ℃以上,须对构件接头部位加热保持在 5 ℃以上至少 48 h,期间构件不得受扰动。

拆支撑要根据后续施工荷载情况确定。

复习训练题

1.水平缝连通腔分仓封缝:用不流动、不收缩的封缝坐浆料塞在构件水平缝下方,形成 30～40 mm 宽的分仓隔墙;将长度较大的构件底面分成两部分或三部分,单仓最大尺寸不宜超过(　　)m。

A.0.5　　　　　B.1.0　　　　　C.1.5　　　　　D.2.0

2.灌浆料初始流动度要求(　　)。

A.≥100 mm　　　　　　　　B.≥200 mm

C.≥260 mm　　　　　　　　D.≥300 mm

3.检查灌浆孔、排浆孔口内灌浆料充满状态时,取下灌排浆孔封堵胶塞,孔内凝固的灌浆料上表面应高于排浆孔下缘 5 mm 以上,以这样的灌浆饱满度作为合格标准依据来自(　　)。

A.灌浆套筒型式检验　　　　　B.套筒灌浆饱满度试验

C.套筒灌浆接头拉伸试验　　　　　D.套筒灌浆接头型式检验

4.关于连通腔灌浆过程,下列说法不正确的是(　　　)。

A.同一仓只能在一个灌浆孔灌浆,不能选择两个及以上孔灌浆

B.同一仓应连续灌浆,不得中途停顿。如果中途停顿,再次灌浆时,已经封堵的灌排浆孔不需要打开,待剩余灌排浆口出浆即可

C.通过水平缝连通腔一次向构件的多个接头灌浆时,应按浆料排出先后顺序依次封堵灌浆排浆孔,封堵时灌浆泵(枪)一直保持灌浆压力,直至所有灌排浆孔出浆并封堵牢固后再停止灌浆。

D.灌浆后灌浆料同条件试块强度达到 35 MPa 后方可进入后续施工

5.有关套筒灌浆说法正确的有(　　　)。

A.用灌浆泵从接头上方的灌浆孔处向套筒内压力灌浆

B.接头灌浆时,应按浆料排出先后依次封堵牢固后再停止灌浆;如有漏浆须立即补灌

C.灌浆前应检查预留灌浆孔是否被杂物堵塞,如堵塞应及时清理

D.用鼓风机注入空气,检查灌浆孔是否畅通

E.灌浆料拌和物应在制备后 30 min 内用完

第六章　套筒灌浆施工质量检验

第一节　检验项目

一、抗压强度检验

目前,灌浆料强度试验方法根据《水泥胶砂强度检验方法(ISO法)》(GB/T 17671—1999),制作 40 mm × 40 mm × 160 mm 的标准试件,标准条件下养护 28 d,先进行抗折强度试验,然后测抗压强度且要求 28 d 套筒灌浆料的强度不小于 85 MPa。高强混凝土一般要比普通强度混凝土在用料、配合比、施工要求等方面严格,且用水量较小,因此养护条件对于高强混凝土的强度影响比普通混凝土的强度影响大,套筒灌浆料作为高强材料,与高强混凝土存在类似的问题。在实体工程中,套筒灌浆料的强度容易受到工程现场施工因素、环境因素和龄期的影响,实际强度可能达不到设计要求,因此对实际工程中套筒灌浆料的强度检测非常必要。

二、灌浆料充盈度检验

钢筋灌浆套筒连接属于隐蔽性工程。外观检查很难对钢筋灌浆套筒连接的质量做出正确判断,必须借助相关检测方法辅助判断连接的质量和安全性能。目前,隐蔽性工程主要检测方法分为有损检测与无损检测两种,通常有损检测是破坏结构物局部来直接获得内部的质量信息,而无损检测通常是利用声、光、电等特性来检测结构内部质量。无损检测可以在不影响被检测对象结构性能的前提下检测其内部是否存在缺陷。无损检测具有无损、节料、高效等诸多优点。现阶段无损检测技术已成为建筑工程领域重要的检测方法,而且其检测水平也在一定程度上反映了一个国家的科技发展水平及创新能力。现阶段主要的检测方法有以下几种:人工敲击法、钻芯取样法、超声波检测法、冲击回波法、红外热像法、雷达检测法、射线检测法以及压力渗透法等。

(一)人工敲击法

人工敲击法是利用小钢锤轻敲结构表面,根据声音判断结构缺陷的简易方法。该方法对检测工具要求低,实际操作过程简单、快捷,是工地临时检测的常用方法。但这种方法完全依赖于工程人员的技术和经验,缺乏理论依据,只能定性地粗略检测结构中埋深较小、尺寸较大的缺陷。

(二)钻芯取样法

钻芯取样法属于有损检测方法,利用钻机钻取结构内部的混凝土芯样,通过芯样的质量情况来检测判断结构内部缺陷,检测结果直观可靠。但钻芯取样仅能代表钻孔范围内小部分的混凝土质量,可能会造成误判或者漏判的情况,无法综合判断整个结构的混凝土质量情况。

(三)超声波检测法

超声波检测的基本原理是在结构的一个表面利用发射换能器激发超声波,超声波经过混凝土传播到另一端的接收换能器,接收系统记录超声波在混凝土结构传播中的变化波动特性。当混凝土结构内部存在空洞或者不密实区域时,超声波会出现反射、折射、散射等,导致超声波的传播方向和路径发生变化,利用首波的声时、频率和波形畸变的特征,确定混凝土结构的内部质量情况。

(四)冲击回波法

利用一个瞬时冲击产生低频的应力波,应力波在结构内部多次来回反射,使得结构表面产生相应周期的瞬态共振。利用位移传感器将结构表面的振动位移记录下来,再利用傅里叶变换将位移时域曲线转换为频域曲线,得到的明显频率峰值即为瞬态共振的频率。利用应力波在混凝土结构中的传播速度和峰值频率可以确定结构内部缺陷的几何位置和埋深。冲击回波法最小可检测尺寸主要取决于以下因素:缺陷类型和方向、缺陷埋深以及冲击持续时间。平行于结构表面的空气界面最易于检测。随着深度的增加,可检测的最小尺寸也随之增大。

平面缺陷的横向尺寸超过埋深的 1/3,满足冲击持续时间足够短则可以检测缺陷埋深,频谱分析中将出现名义板厚频率和缺陷埋深频率两个频率峰值;横向尺寸超过埋深的 1.5 倍,则缺陷界面可以认为是无限边界,频谱分析图中只有一个与埋深对应的频率峰值。相关研究还表明,若冲击持续时间小于纵波传播时间的 3/4,则满足最小尺寸要求的缺陷埋深总能检测。

(五)红外热像法

红外热像法属于无损检测的方法。热流在结构内部扩散和传导的路径及速度随材料热学性能的不同而产生变化,最终在结构表面形成相应的热区或者冷区,造成建筑物结构表面温度的差异。由普朗克定律可以知道,物体对外辐射红外能量及波长随温度变化而变化,因此红外热图像表现出不同特征,依据红外热成像所显示出的伪彩图可以判断缺陷状况。

(六)雷达检测法

由发射器向混凝土内发射高频带脉冲电磁波,经电性差异的界面或目标体反射后返回测量表面,并由接收机接收。电磁波在介质中传播时,其路径、电磁场强度与波形将随所通过介质的电性质和几何形态而变化,对接收的信号进行分析处理,可判断混凝土的钢筋、层厚和缺陷位置。

(七)射线检测法

射线检测是无损检测的一个重要检测方法,常用的射线包括 X 射线、γ 射线和中子射线三种。射线照相法是指用 X 射线或 γ 射线穿透试件,以像片作为记录信息的器材的无损检测方法。

在当前的技术水平下以上检测方法均存在各种各样的局限性,没有哪一种方法成本较低且能够全面检测灌浆料充盈度。目前为保证灌浆料能够非常饱满地注入灌浆套筒内,一般需要加强现场管理,严格按照操作规程进行操作。

三、灌浆接头抗拉强度检验

钢筋灌浆套筒连接受力时,通过钢筋、灌浆料结合面的黏结作用传递给灌浆料,灌浆料再通过其与套筒内壁结合面的黏结作用传递给套筒。黏结作用由化学黏结力、表面摩擦力和机械咬合力构成。套筒灌浆接头的破坏模式包括套筒外钢筋拉断、套筒拉断破坏、灌浆料强度破坏(拉裂破坏和劈裂破坏)及钢筋拔出破坏(分为钢筋与灌浆料锚固强度不足和灌浆料与套筒内壁锚固强度不足)。抗拉强度检验接头试件应模拟施工条件并按施工方案制作。接头试件应采用构件生产用连接钢筋及接头型式检验确定的配套灌浆料,模拟现场连接工况制作,在标准养护条件下养护 28 d 后进行拉伸试验,试件强度应达到设计指标。

套筒灌浆接头的具体要求分为以下几点:

(1)套筒灌浆连接接头应满足强度和变形性能要求。

(2)钢筋套筒灌浆连接接头的抗拉强度不应小于连接钢筋抗拉强度标准值,且破坏时应断于接头外钢筋。

(3)钢筋套筒灌浆接头的屈服强度不应小于连接钢筋屈服强度标准值。

(4)钢筋套筒灌浆连接接头应能接受规定的高应力和大变形反复拉压循环检验,且在经历拉压循环后,其抗拉强度仍应符合第二条规定。

(5)套筒灌浆连接接头单向拉伸、高应力反复拉压、大变形反复拉压试验加载过程中,当接头拉力达到连接钢筋抗拉荷载标准值的 1.15 倍而未发生破坏时,应判为抗拉强度合格,可停止试验。

四、施工过程检验

(一)灌浆料原材料检验

查验灌浆料厂家生产是否满足相关规范要求,主要包括包装和标识。灌浆料应采用防潮袋包装,每袋(桶)净含量宜为 25 kg 或 50 kg 且不应小于标志质量的 99%。包装袋上的标识主要查验产品名称、净重量、使用说明、生产厂家(包括单位地址和电话)、生产批号、生产日期、保质期等内容,通过标识可以准确地知道进场批次的灌浆料是否能和项目要求的灌浆料品牌相对应,同时了解灌浆料的一些基本使用要求,避免现场出现灌浆料过期、灌浆操作不规范等情况。另外,进场的灌浆料需查验相关质量证明文件,如产品合格证、使用说明书和出厂检测报告。产品合格证是证明灌浆料质量最基本的资料,每批次进场的使用说明书必须仔细了解,尤其在进入夏、冬季,灌浆料本身的配合比会有相应的调整,现场使用操作也需根据要求做相应调整,比如夏季施工温度过高,现场就可适当加快单块墙板的灌浆时间,避免灌浆料出现凝结硬化。出厂检测报告中初始流动度,30 mim 流动度,1 d、3 d、28 d 抗压强度,3 h 竖向膨胀率,竖向膨胀率 24 h 和 3 h 的差值,泌水率等检测规定的要求必须清楚。

(二)钢筋套筒接头检验

工程采用套筒灌浆连接时,应有接头提供单位提交所有规格接头的有效型式检验报告。根据项目设计要求在灌浆套筒、灌浆料产品确定后,均应按相关产品标准要求进行型式检验。当使用中灌浆套筒的材料、工艺、结构或者灌浆料的成分改动时,可能会影响套筒灌浆连接接头的性能,应再次进行型式检验。型式检验报告的内容主要包括检查与项目相配套的不同规格的、不同钢筋强度级别和对应型号套筒连接的技术参数,这些技术参数必须满足现行国家相关标准的要求。型式检验报告的送检单位可以与套筒接头供应单位一致。报告中的接头类型,灌浆套筒规格、级别、尺寸,灌浆料型号与现场使用的产品一致。型式检验报告有效日期一般为 4 年,超过年限的应再次进行接头试验。型式检验报告判定合格标准要求:灌浆料的抗压强度应合格、试件的强度和变形检验应合格。型式检验的目的是确定现场所使用的钢筋、套筒和灌浆料能否满足项目设计的基本要求,这是控制连接质量的最根本的环节。

在项目开始进行第一次灌浆作业前,同一钢筋生产企业提供的钢筋存在明显的差异或者更换了其他厂家生产的钢筋,在现场使用等情况下都应进行接头工艺试验。工艺试验报告内容主要包括:钢筋生产企业、钢筋牌号、钢筋公称直径、灌浆套筒类型、灌浆套筒品牌和型号、灌浆料品牌和型号、灌浆工人及所属单位、对中单向拉伸试验结果和灌浆料抗压强度试验结果。通过工艺试验可以有效地避免人工、材料变化所产生的不利影响,同时可以更好地发现施工过程中存在的问题,给套筒灌浆连接质量更可靠的保障。灌浆套筒进厂前,应抽取灌浆套筒并采用与之匹配的灌浆料制作对中接头试件,并进行抗拉强度检验。由于埋入预制构件的灌浆套筒无法在灌浆施工现场截取接头试件,应按相关技术标准在构件生产前进行检验,接头试件应在标准养护条件下养护28 d。对中连接接头试验是检验不同批次进场套筒的质量,试验涉及整个装配结构层施工,是生产过程中频率最高的检验试验。

(三)灌浆过程检验

钢筋套筒灌浆连接质量过程控制应按照《钢筋套筒灌浆连接应用技术规程》(JGJ 355—2015)的规定进行。灌浆前总包单位应制订灌浆施工的专项施工方案,灌浆施工的劳务人员应经过公司培训后方可上岗,同时需要不定时地进行技术交底。对于项目第一次灌浆施工,宜选择项目最具代表性的单元或部位进行试件首次灌浆施工。灌浆操作全过程应由专职质量检查员和监理人员旁站,并有相应文字、影像记录。

钢筋套筒灌浆连接的预制构件就位前,应检查连接钢筋的数量、规格、位置和长度,并同时检查清理套筒、预留孔内的杂物,在灌浆前进行洒水湿润。灌浆过程中应严格按照施工方案和灌浆料使用说明书进行搅拌、灌浆施工。每班次灌浆施工必须在现场进行初始流动度和温度的检测,搅拌后的灌浆料应在30 min 内使用完毕,现场可根据气温适当进行调整。

分仓与封堵:采用电动灌浆泵灌浆时,一般单仓长度不超过1.5 m。在经过实体灌浆试验确定可行后可延长,但不宜超过2 m。分仓越大,灌浆阻力越大;灌浆时间越长,灌浆不满的风险越大。采用手动灌浆枪灌浆时,单仓长度不宜超过0.3 m。分仓隔墙宽度应不小于2 cm,为防止遮挡套筒孔口,距离连接钢筋外缘应不小于4 cm。分仓后在构件相对应位置做出标记,记录分仓时间,便于指导灌浆。

灌浆过程中必须由施工班长持灌浆泵(枪)和灌浆设备开关,浆料搅拌完成后先将墙体灌浆仓的中间部位的灌浆孔进行灌浆。特别注意每一个灌浆仓只能从一个灌浆孔灌浆,同一灌浆仓应连续进行,中途不得停顿。如果中途停顿,需要再次灌浆时,应保证上部已封堵的出浆孔中浆液没有回落情况,将已经封堵的上部出浆孔打开,待灌浆料再次流出后逐个封堵出浆孔。出浆孔全部出浆并封堵完成后应适当增加灌浆压力,可减少用橡胶塞封堵灌浆孔时漏浆的浆料损失。在灌浆完成,浆料凝固前,应巡视检查灌浆接头,如有漏浆及时处理。灌浆料凝固后,取下灌浆排浆孔封堵胶塞,检查孔内凝固的灌浆料上表面是否高于排浆孔下缘 5 mm 以上。灌浆完成后,填写灌浆作业旁站记录表,记录以下内容:作业楼层、操作人员证件、天气及气温、水温、初始流动度、配合比的比例、搅拌时间、静置时间、墙板灌浆作业开始与结束时间、试块留置等主要控制指标。通过灌浆作业旁站记录表可以很明确地看出灌浆施工过程中作为旁站人需要知道的质量控制要点,并对现场灌浆作业过程中出现的违规操作进行有效的制止。

第二节　灌浆连接施工常见问题及解决办法

一、灌浆连接施工常见问题

(一)构件连接钢筋安装质量问题

连接钢筋位置偏离或伸出长度不符合设计要求,构件将难以安装到位,或钢筋连接长度不足;钢筋表面沾有泥浆或锈蚀严重;作为灌浆连通腔的构件接缝时间隙过小,都将导致连接质量问题。

(二)灌浆部位预处理和密封质量问题

构件连接面处理不干净或存有异物或积水,在灌浆连接时混入灌浆料内,将造成灌浆料性能改变或堵塞灌浆通道;灌浆腔密封不牢,灌浆后期压力高时如出现意外漏浆,可能导致整个构件连接失败甚至报废。

(三)灌浆料加工质量问题

灌浆施工时,灌浆料须加水拌制成浆料使用。接头的 3 个组成部分中,灌浆料是唯一由现场操作人员加工的材料,因此其加工质量是接头质量风险最大的环节之一,加工拌制时,如不按产品规定要求操作,可能导致浆料流动度差、操作时间短、膨胀和强度性能不稳定,甚至泌水等。不合格浆料用于灌浆作业,就可能出现不流、早凝、收缩、强度不足等问题。

(四)灌浆作业工艺和构件保护措施问题

灌浆作业工艺不当或者操作未按正确工艺执行,可能造成接头灌浆锚固长度不足,连接质量不合格;灌浆后构件保护不当,灌浆料凝固后接头连接部位发生移动,灌浆料与套筒、钢筋之间出现间隙,或者灌浆料在达到规定强度前被冻结,料内自由水分结冰,都将使接头连接性能下降,连接失败。

(五)预制构件破损变形无法达到安装要求问题

在预制构件制作前,依据构件种类预制剪力墙、预制梁、预制叠合板,要求预制构件工厂按照相应种类提前备份。由于预制叠合板数量多,易破碎变形。

(六)预制剪力墙吊装完毕套筒钢筋误差大无法满足灌浆要求的问题

(1)竖向套筒连接钢筋过长(大于5 mm),无法安装下层预制剪力墙。

(2)竖向套筒连接钢筋过短(小于5 mm),无法满足规范要求。

(3)个别钢筋过大,无法插入套筒。

(七)部分灌浆孔在灌浆过程中不出浆的问题

(八)部分墙板构件安装误差过大,水平构件支撑标高不统一

二、灌浆连接施工常见问题的解决办法

灌浆连接施工前,检查连接构件的连接钢筋,钢筋的规格、长度、表面状况、轴心位置均应符合要求;检查预制构件内连接套筒灌浆腔、灌浆孔道和排浆孔道中无异物存在;清除构件连接部位混凝土表面的异物和积水,必要时将干燥的混凝土结合面进行润湿;在构件下方水平连接面预先放置10~20 mm厚的支撑块,确保连通灌浆腔最小间隙;构件安装时,所有连接钢筋插入套筒的深度达到设计要求,构件位置坐标正确后再固定。

预制剪力墙、柱要用有密封功能的坐浆料或其他密封材料对构件拼缝连接面四周进行密封,必要时用木方、型钢等压在密封材料外作支撑;填塞密封材料时不得堵塞套筒下方进浆口;尺寸大的墙体连接面采

用密封砂浆作分仓隔断;在实际环境下做模拟灌浆试验,确认灌浆料能够充满整个灌浆连通腔和接头,在灌浆压力下构件四周的密封可靠;对可能出现的漏浆、灌浆不畅等意外设计处置预案。

预制梁连接钢筋部位安装全灌浆接头套筒,通过连接钢筋上标画的插入深度标记检查套筒位置的正确性,套筒灌浆接头的灌浆孔和排浆孔端口超过套筒内壁最高处,两端密封圈位置正确、无破损。

进入施工现场的灌浆料应进行复检,合格后方可使用。灌浆料应妥善保管,防止受潮。每次使用前,应确认灌浆料在产品有效期内,打开包装袋后,产品外观无异常,再制作浆料;制作浆料须使用干净的水、洁净的容器和准确的计量器具、符合产品加工要求的搅拌设备或机具,严格按产品使用说明书的要求进行浆料加工;灌浆料干粉、水均应称量质量,按产品规定的比例拌和;拌制浆料时须防止异物混入,及时清洗搅拌器具等,禁止凝固或即将凝固的浆料混入拌制的浆料中;拌制成浆料后,盛放浆料的容器应加保护盖以防异物落入;不同环境温度下,浆料的流动度与室温条件指标存在差异,但现场条件拌制的灌浆料的流动度必须满足灌浆作业的要求;每班生产开始时,应记录料温和水温,测试浆料的流动度,当现场环境温度变化较大时,重新测量浆料的流动度。现场灌浆连接施工后,须按照《钢筋机械连接技术规程》(JGJ 107—2016)的规定进行接头性能抽检,每500个接头制作1组3根接头拉伸试件,试件接头应完全模拟现场安装实际进行制作,28 d后进行拉伸试验。

竖向套筒连接钢筋过长(大于5 mm),无法安装下层预制剪力墙时,可以使用无齿锯进行切割;竖向套筒连接钢筋过短(小于5 mm),无法满足规范要求时,可以进行焊接或植筋,具体方案视情况而定;个别钢筋偏位过大,无法插入套筒,可采用深钻孔对钢筋进行纠偏,当偏位无法纠偏时,对局部钢筋采用切割,重新校正位置进行植筋。

加强事前对每一个套筒进行通透性检查,避免部分灌浆孔在灌浆过程中不出浆的问题发生。如果前几个套筒发生此类现象,应立即停止灌浆,墙板重新起吊存放现场,立即进行冲洗处理,检查原因并返回原厂修理。对于最后1~2个套筒不出浆的情况,可持续灌浆,灌浆完成后对局部 1~2 根钢筋位置进行钢筋焊接或其他方式处理。

部分墙板构件安装误差过大,水平构件支撑标高不统一的要调为统一标高,但是误差最大不超过 10 mm;在下一层水平拼缝 20 mm 进行调解处理,水平拼缝一般不小于 15 mm,不应小于 10 mm,此时应保证水平灌浆部位的灌浆质量。

复习训练题

一、选择题

1. 以下检测方法中(　　　)属于有损检测。

　　A. 冲击回波法　　　　　　　　　B. 射线法

　　C. 钻芯取样法　　　　　　　　　D. 红外热像法

2. 灌浆接头检测项目中试件接头在标准条件养护(　　　)进行拉伸试验。

　　A. 30 d　　　　　　　　　　　　B. 28 d

　　C. 35 d　　　　　　　　　　　　D. 25 d

3. 钢筋套筒接头检验中型式检验的目的是确定现场所使用的钢筋、套筒和(　　　)能否满足项目设计的基本要求。

　　A. 坐浆料　　　　　　　　　　　B. 灌浆料

　　C. 封堵料　　　　　　　　　　　D. 灌浆料或坐浆料

4. 下列对套筒灌浆中灌浆料的特性描述错误的是(　　　)。

　　A. 高强度　　　　　　　　　　　B. 流动性好

　　C. 微收缩　　　　　　　　　　　D. 强度生成快

5. 灌浆过程中如果前几个套筒出现不出浆的情况,下列哪项处理方式较为合理(　　　)。

　　A. 可继续灌浆

　　B. 停止灌浆请生产厂家技术人员前来查看

　　C. 立即停止灌浆起吊查看,并冲洗

　　D. 停止灌浆并查看,无须起吊构件

二、判断题

1. 灌浆过程中对同一灌浆仓可分两次进行灌注。(　　)

2. 灌浆套筒在破坏时允许其断于接头位置。(　　)

3. 在灌浆过程中同一灌浆仓为保证其充盈度可采用两台灌浆泵同时灌注。(　　)

4. 电动灌浆中分仓越大,阻力越小,灌注不饱满风险越小。(　　)

5. 吊装过程中如果发现个别钢筋偏位过大导致无法安装可直接将偏位钢筋切除。(　　)

6. 对于连接钢筋如果发现存在生锈现象,包裹异物时只要不影响吊装就无须处理。(　　)

第三部分　现场管理

第七章 职业素养

第一节 安全知识

(1)施工单位应对套筒灌浆作业人员进行安全培训和书面安全技术交底。

(2)定期对进场的套筒灌浆工进行安全教育、考核。项目经理、专职安全员和特种作业人员应持证上岗。

(3)套筒灌浆作业人员在施工现场应当遵守安全施工的强制性标准、规章制度和操作规程,正确使用安全防护用具、机械设备等。如遇高空作业或外墙外侧作业,作业人员应使用安全带,站立于安全区域。正确使用和妥善保管各种防护用品和消防器材。

(4)套筒灌浆作业人员有权对施工现场的作业条件、作业程序和作业方式中存在的安全问题提出批评、检举和控告,有权拒绝违章指挥和强令冒险作业。在施工中发生危及人身安全的紧急情况时,作业人员有权立即停止作业或者在采取必要的应急措施后撤离危险区域。

(5)用电安全。注浆机应配备单独的三级配电箱,并应按照"一机、一闸、一漏保、一箱"的原则进行接电。

电缆线应沿墙角布置,避免物体撞击,导致漏电伤人。

(6)安装作业开始前,安装作业区进行维护并做出明显的标识,拉警戒线,并派专人看管,严禁与安装作业无关的人员进入。

(7)吊机吊装区域内,非工作人员严禁进入。吊运预制构件时,构件下方严禁站人,应待预制构件降落至地面 1 m 以内时方准作业人员靠近,就位固定后方可脱钩。

(8)装配式混凝土建筑密封胶配套的清洗液和底涂液均属于易燃易爆物品,并具有一定的毒性,施工过程中如使用上述物品,应采取必要的防护措施,工作场所应有良好的通风条件,严禁烟火。

第二节　质量保证

　　钢筋灌浆套筒连接是装配式混凝土结构常用的连接方式,钢筋套筒灌浆连接接头是构件连接的主要钢筋接头连接方式,也是保证各种装配整体式混凝土结构整体性的基础。确保连接质量是采用该种连接方式的混凝土结构工程质量控制重点和难点。

　　钢筋套筒灌浆连接接头、钢筋浆锚搭接连接接头的灌浆应符合节点连接施工方案的要求,钢筋套筒在灌浆前,还应在现场模拟构件连接接头的灌浆方式,每种规格钢筋应制作不少于 3 个套筒灌浆连接接头,进行灌注质量以及接头抗拉强度的工艺检验;经检验合格后,方可进行灌浆作业。进行灌浆作业过程中,应采取下列措施严格控制作业质量:

　　(1)灌浆施工时,环境温度不应低于 5 ℃;当连接部位养护温度低于 10 ℃时,应采取加热保温措施。

　　(2)应按产品使用说明书的要求计量灌浆料和水的用量,并搅拌均匀;每次拌制的灌浆料拌和物应进行流动度的检测,且其流动度应满足标准要求。

　　(3)采用经验证的钢筋套筒和灌浆料配套产品;钢筋套筒灌浆连接接头采用的套筒应符合现行行业标准《钢筋连接用灌浆套筒》(JG/T 398—2012)的规定;钢筋套筒灌浆连接接头采用的灌浆料应符合现行行业标准《钢筋连接用套筒灌浆料》(JG/T 408—2013)的规定;钢筋套筒灌浆连接应符合现行行业标准《钢筋套筒灌浆连接应用技术规程》(JGJ 355—2015)的规定。

　　(4)灌浆作业人员必须是经培训合格的专业人员,并严格按技术操作要求执行。

　　(5)灌浆作业应采取定人、定量、定时、定工艺的措施保证灌浆连接的质量。

　　(6)灌浆作业应在浆料可操作时间内尽快完成,并给浆料预留足够的处理意外情况的可操作时间。为此,在灌浆前要结合灌浆设备性能、浆料需求量,浆料拌制和灌浆作业所需时间,合理安排浆料制作量和灌浆部位,杜绝把浆料可操作时间用到接近极限的情况。

(7)大体积灌浆采用电动泵施工时应配备发电机,防止灌浆过程中意外停电。

(8)灌浆作业应采用压浆法从注浆孔灌注,浆料从出浆口流出后,及时用专用堵头用力塞紧,防止灌浆后期压力高时堵头顶掉漏浆。

(9)各个构件灌浆时,应旁站专职质量监督员,记录灌浆料流动度和接头灌浆、排浆口出浆、封堵情况,确保作业无误、记录真实可信。

(10)灌浆施工作业过程要严格监控,要有监理旁站,最好现场有监控摄像头,有影像资料存档。

(11)灌浆料同条件养护试件抗压强度达到 35 N/mm² 后,方可进行对接头有扰动的后续施工。

(12)注浆完毕后及时用清水冲洗,做好工完场清、成品保护工作。

第三节　文明施工

一、套筒灌浆连接施工应编制专项施工方案

此专项施工方案不是强调单独编制,而是强调应在相应施工方案中应包括套筒灌浆连接施工的相应内容。施工方案应包括灌浆套筒在预制生产中定位、构件安装定位于支撑、灌浆料拌和、灌浆施工、检查与修补等内容。施工方案编制应以接头单位的相关技术资料、操作规程为基础。

二、灌浆施工的操作人员应经专业培训后上岗

现场灌浆施工是影响套筒灌浆连接施工质量的最关键因素。灌浆施工操作人员上岗前应经专业培训,培训一般宜由接头提供单位的专业技术人员组织。灌浆施工应由专人完成,施工单位应根据工程量配备足够的合格操作工人,并保持班组成员相对固定。

套筒灌浆连接施工培训的内容应包括灌浆接头实施工艺、质量控

制要点、灌浆接头试件及灌浆材料试块的制作、施工质量检验及监督、施工及检验记录等。

三、灌浆施工操作人员需要具备良好的文明素质

（1）具有社会责任感和良好的职业操守,诚实守信,严谨务实,爱岗敬业,团结协作。

（2）遵守相关法律、法规、标准和管理规定。

（3）树立"安全至上、质量第一"的理念,坚持安全生产、文明施工。

（4）具有节约资源、保护环境的意识。

（5）具有终生学习理念,不断学习新知识、新技能。

四、首次施工应先进行试制作、试安装、试灌浆

首次施工,宜选择有代表性的单元或部位进行试制作、试安装、试灌浆。

施工单位或施工队伍没有套筒灌浆连接施工经验,或对某种灌浆施工类型（剪力墙、柱、水平等）没有经验,此时为保证工程质量,宜在正式施工前通过试制作、试安装、试灌浆验证施工方案、施工措施的可行性。

五、灌浆料储存

灌浆料宜储存在室内,并应采取防雨、防潮、防晒措施。

灌浆料以水泥为基本材料,对温度、湿度均具有一定敏感性,因此在储存中应注意干燥、通风并采取防晒措施,防止其性态发生改变。因此,灌浆料最好储存在室内。

六、施工场地要求

施工场地应平整,道路畅通,排水设施得当,水电线路整齐。

七、机具设备要求

机具设备状况良好,使用合理,施工作业符合消防和安全要求。

第四节　环境保护

（1）施工过程中，应采取防尘、降尘措施。保持运输车辆整洁，防止场内道路的污染，并减少扬尘。

（2）现场各类预制构件应分别集中存放整齐，并悬挂标识牌，严禁乱堆乱放，不得占用施工临时道路，并做好防护隔离措施。

（3）施工过程中，应对材料搬运、施工设备和机具作业等采取可靠的降低噪声措施。

（4）施工过程中产生的污水，应采取措施进行处理，不得直接排放。

（5）施工过程中，应采取光污染控制措施。夜间施工时，应采取低角度灯光照明。

（6）施工过程中，对施工设备和机具维修、运行、存储时的漏油，应采取有效的隔离措施，不得直接污染土壤。漏油应统一收集并进行无害化处理。

（7）施工过程中，应采取建筑垃圾减量化措施。施工过程中产生的建筑垃圾，应进行分类处理。不可循环使用的建筑垃圾，应集中收集，并应及时清运至有关部门指定的地点；可循环使用的建筑垃圾，应加强回收使用，并做好记录。

（8）灌浆料中使用混凝土外加剂等，应满足环境保护和人身安全的要求。

（9）预制构件施工中产生的黏结剂、稀释剂等易燃、易爆化学制品的废弃物应及时收集送至指定储存器内并按规定回收，严禁丢弃未经处理的废弃物。

复习训练题

一、选择题

1. 灌浆料同条件养护试件抗压强度达到( )N/mm² 后,方可进行对接头有扰动的后续施工。

A. 25 　　　　　　　　　　 B. 30

C. 35 　　　　　　　　　　 D. 40

2. 每次拌制的灌浆料拌和物应进行( )的检测,且其流动度应满足标准要求。

A. 流动度 　　　　　　　　 B. 和易性

C. 坍落度 　　　　　　　　 D. 黏聚力

二、判断题

1. 高空作业或外墙外侧作业时,灌浆作业人员站立于安全区域可以不系安全带。( )

2. 施工单位或施工队伍没有套筒灌浆连接施工经验,宜选择有代表性的单元或部位进行试制作、试安装、试灌浆。( )

附　录

附录 A　流动度试验

A.1　流动度试验应符合下列规定：

a. 应采用符合《行星式水泥胶砂搅拌机》(JC/T 681—2006)要求的搅拌机拌和水泥基灌浆材料。

b. 截锥圆模应符合《水泥胶砂流动度测定方法》(GB/T 2419—2005)的规定，尺寸为下口内径(100 ± 0.5)mm，上口内径(70 ± 0.5)mm，高(60 ± 0.5)mm。

c. 玻璃板尺寸为 500 mm × 500 mm，并应水平放置。

A.2　流动度试验应按下列步骤进行：

a. 称取 1 800 g 水泥基灌浆材料，精确至 5 g；按照产品设计(说明书)要求的用水量称量好拌和用水，精确至 1 g。

b. 湿润搅拌锅和搅拌叶，但不得有明水。将水泥基灌浆料倒入搅拌锅中，开启搅拌机，同时加入拌和水，应在 10 s 内加完。

c. 按水泥胶砂搅拌机的设定程序搅拌 240 s。

d. 湿润玻璃板和截锥圆模内壁，但不得有明水；将截锥圆模放置在玻璃板中间位置。

e. 将水泥基灌浆材料浆体倒入截锥圆模内，直至浆体与截锥圆模上口平；徐徐提起截锥圆模，让浆体在无扰动条件下自由流动直至停止。

f. 测量浆体最大扩散直径及与其垂直方向的直径，计算平均值，精确到 1 mm，作为流动度初始值；应在 6 min 内完成上述搅拌和测量过程。

g. 将玻璃板上的浆体装入搅拌锅内，并采取防止浆体水分蒸发的措施。自加水拌和起 30 min 时，将搅拌锅内浆体按本款步骤 c ~ 步骤 f 试验，测定结果作为流动度 30 min 保留值。

附录 B　抗压强度试验

B.1　抗压强度试验应符合下列规定：

a. 抗压强度试验试件应采用尺寸为 40 mm×40 mm×160 mm 的棱柱体。

b. 抗压强度的试验应按《水泥胶砂强度检验方法（ISO 法）》（GB/T 17671—1999）的有关规定执行。

B.2　抗压强度试验步骤：

a. 称取 1 800 g 水泥基灌浆材料，精确至 5 g；按照产品设计（说明书）要求的用水量称量拌和用水，精确至 1 g。

b. 按照附录 A 的有关规定拌和水泥基灌浆材料。

c. 将浆体灌入试模，至浆体与试模的上边缘平齐，成型过程中不应振动试模。应在 6 min 内完成搅拌和成型过程。

d. 将装有浆体的试模在成型室内静置 2 h 后移入养护箱。

e. 抗压强度的试验应按《水泥胶砂强度检验方法（ISO 法）》（GB/T 17671—1999）的有关规定执行。

附录 C　竖向膨胀率试验

C.1　竖向膨胀率试验应符合下列规定。

C.1.1　测试仪器工具应符合下列规定：

a. 百分表：量程 10 mm；

b. 百分表架：磁力表架；

c. 玻璃板：140 mm×80 mm×5 mm（长×宽×厚）；

d. 试模：100 mm×100 mm×100 mm 立方体试模的拼装缝应填入黄油，不应漏水；

e. 铲勺：宽 60 mm，长 160 mm；

f. 捣板：可以钢锯条代用；

g. 钢垫板：250 mm×250 mm×15 mm（长×宽×厚）普通钢板。

C.1.2　仪表安装(见图 C-1)应符合下列要求:

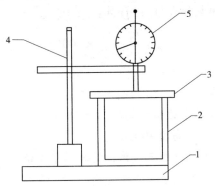

1—钢垫板;2—试模;3—玻璃板;4—百分表架(磁力式);5—百分表

图 C-1　竖向膨胀率装置示意图

a.钢垫板:表面平装,水平放置在工作台上,水平度不应超过 0.02。

b.试模:放置在钢垫板上,不可摇动。

c.玻璃板:平放在试模中间位置。其左右两边与试模内侧边留出 10 mm 空隙。

d.百分表架固定在钢垫板上,尽量靠近试模,缩短横杆悬臂长度。

e.百分表:百分表与百分表架卡头固定牢靠,但表杆能够自由升降。安装百分表时,要下压表头,使表针指到量程的 1/2 处左右。百分表不可前后左右倾斜。

C.2　竖向膨胀率试验步骤:

a.按附录 A 的有关规定拌和水泥基灌浆材料。

b.将玻璃板平放在试模中间位置,并轻轻压住玻璃板。拌和料一次性从一侧倒满试模,至另一侧溢出并高于试模边缘约 2 mm。

c.用湿棉丝覆盖玻璃板两侧的浆体。

d.把百分表测量头垂直放在玻璃板中央,并安装牢固。在 30 s 内读取百分表初始读数 h_0,成型过程应在搅拌结束后 3 min 内完成。

e.自加水拌和时起分别于 3 h 和 24 h 读取百分表的读数 h_t。整个测量过程中应保持棉丝湿润,装置不得受到振动。成型养护温度均为

(20 ± 2)℃。

f. 竖向膨胀率应按式（C-1）计算：

$$\varepsilon_t = \frac{h_t - h_0}{h} \times 100\% \qquad (\text{C-1})$$

式中　ε_t——竖向膨胀率；

　　　h_t——试件龄期为 t 时的高度读数，mm；

　　　h_0——试件高度的初始读数，mm；

　　　h——试件基准高度 100，mm。

注意：试验结果取一组三个试件的算术平均值，计算精确至 0.01。

参 考 文 献

[1] 范幸义,张勇一.装配式建筑[M].重庆:重庆大学出版社,2017.

[2] 国务院办公厅关于大力发展装配式建筑的指导意见(国办发[2016]71号)[2016－09－30].http://www.gov.cn/zhengce/content/2016－09/30/content_5114118.htm.

[3] 文林峰.装配式混凝土结构技术体系和工程案例汇编[M].北京:中国建筑工业出版社,2017.

[4] 上海市城市建设工程学校.装配式混凝土建筑结构设计[M].上海:同济大学出版社,2016.

[5] 中华人民共和国住房和城乡建设部.装配式混凝土结构技术规程:JGJ 1—2014[S].北京:中国建筑工业出版社,2014.

[6] 中国建筑业协会.装配式混凝土建筑施工规程:T/CCIAT 0001—2017[S].北京:中国建筑工业出版社,2017.

[7] 中华人民共和国住房和城乡建设部.钢筋套筒灌浆连接应用技术规程:JGJ 355—2015[S].北京:中国建筑工业出版社,2015.

[8] 中华人民共和国住房和城乡建设部.钢筋连接用灌浆套筒:JG/T 398—2012[S].北京:中国建筑工业出版社,2012.

[9] 中华人民共和国住房和城乡建设部.钢筋连接用套筒灌浆料:JG/T 408—2013[S].北京:中国建筑工业出版社,2013.

[10] 中华人民共和国住房和城乡建设部.钢筋机械连接技术规程:JGJ 107—2016[S].北京:中国建筑工业出版社,2016.

[11] 中华人民共和国住房和城乡建设部.钢筋混凝土用钢 第2部分:热轧带肋钢筋:GB 1499.2—2007[S].北京:中国建筑工业出版社,2007.

[12] 中华人民共和国住房和城乡建设部.钢筋混凝土用余热处理钢筋:GB 13014—2013[S].北京:中国建筑工业出版社,2013.

[13] 中华人民共和国住房和城乡建设部.混凝土结构工程施工质量验收规范:GB 50204—2015[S].北京:中国建筑工业出版社,2015.

[14] 郭学明.装配式混凝土结构建筑的设计、制作与施工[M].北京:机械工业出版社,2017.

[15] 庄伟,匡亚川,廖平平.装配式混凝土结构设计与工艺深化设计——从入门到精通[M].北京:中国建筑工业出版社,2015.

[16] 张波.装配式混凝土结构工程[M].北京:北京理工大学出版社,2016.

[17] 中国建设教育协会,远大住宅工业集团股份有限公司.预制装配式建筑施工要点集[M].北京:中国建筑工业出版社,2018.

[18] 肖明和,张蓓.装配式建筑施工技术[M].北京:中国建筑工业出版社,2018.

[19] 罗文飞.装配整体式混凝土简支梁抗剪性能试验研究[D].南宁:广西大学,2018.

[20] 李向民,高润东,许清风,等.灌浆缺陷对钢筋套筒灌浆连接接头强度影响的试验研究[J].建筑结构,2018,48(7):52-56.

[21] 徐文杰.装配式混凝土结构浆锚连接质量因素影响的试验研究[D].北京:中国建筑科学研究院,2018.

[22] 刘志豪.基于冲击回波法灌浆套筒缺陷检测[D].合肥:安徽建筑大学,2017.

[23] 蒋苏童.装配整体式框架——现浇剪力墙结构抗震性能研究[D].南京:东南大学,2017.

[24] 洪斌.装配式建筑用套筒灌浆料的制备及应用研究[D].南京:东南大学,2017.

[25] 张禹.装配式结构连接构造及受力性能研究[D].大庆:东北石油大学,2017.

[26] 郑清林.灌浆缺陷对套筒连接接头和构件性能影响的研究[D].北京:中国建筑科学研究院,2017.

[27] 林焙淳.基于导波法的钢管混凝土构件缺陷检测影响因素研究[D].哈尔滨:哈尔滨工业大学,2016.

[28] 张伟.装配整体式混凝土结构钢筋连接技术研究[D].西安:长安大学,2015.

[29] 付进秋.铝酸盐基超高水充填材料的制备研究[D].徐州:中国矿业大学,2015.

[30] 杨旭.装配整体式混凝土框架节点抗震性能试验研究[D].北京:北京建筑大学,2014.

[31] 王复星,李国忠,王习华.用再生细骨料制备干混砂浆的性能研究[J].建筑砌块与砌块建筑,2014(3):33-36.

[32] 吕彦萍.原料组分及细度匹配对水泥性能的影响研究[D].济南:济南大学,2014.

[33] 王建.套筒浆锚连接钢筋混凝土柱抗震性能试验研究[D].西安:西安建筑科技大学,2013.

［34］王召新.混凝土装配式住宅施工技术研究［D］.北京:北京工业大学,2012.

［35］胡丽娟.钢管混凝土拱桥维修与养护技术研究［D］.重庆:重庆交通大学,2011.

［36］王正成.混凝土雷达在结构无损检测的应用技术［J］.物探与化探,2009,33(4):477-480.

［37］徐茂辉.混凝土中钢筋检测的探地雷达方法［D］.汕头:汕头大学,2004.

［38］徐晓阳,刘保县.钢筋混凝土钢筋锈蚀研究综述［J］.四川工业学院学报,2003(3):83-85.

［39］万墨林.关于《装配式大板居住建筑设计施工规程》中若干问题的说明［J］.建筑科学,1990(4):57-60.

［40］秦珩,钱冠龙.钢筋套筒灌浆连接施工质量控制措施［J］.施工技术,2013,42(14):113-117.

［41］北京市住房和城乡建设科技促进中心,北京市建筑工程研究院有限责任公司.装配式混凝土结构工程施工与质量验收规程:DB11/T 1030—2013［S］.2014.

［42］秦珩,钱冠龙.钢筋套筒灌浆连接施工质量控制措施［J］.施工技术,2013,42(14):113-117.

［43］浙江省住房和城乡建设厅.装配式混凝土结构施工质量安全控制要点(试行)［S］.2017.

［44］湖北省建设工程质量安全监督总站,湖北省住房和城乡建设厅.湖北省装配式建筑施工质量安全控制要点(试行)［S］.2018.